国家出版基金项目
NATIONAL PUBLICATION FOUNDATION

中国石油大学（华东）"211 工程"建设
重点资助系列学术专著

复杂油气藏物理-化学强化开采
工程技术研究与实践丛书

 卷二

裂缝性特低渗油藏
注采系统调整综合决策技术

INTEGRATED DECISION-MAKING TECHNOLOGY OF INJECTION AND PRODUCTION
SYSTEM ADJUSTMENT IN THE FRACTURED EXTRA-LOW PERMEABILITY RESERVOIR

蒲春生　杨　悦　李星红　刘　静　著

中国石油大学出版社
CHINA UNIVERSITY OF PETROLEUM PRESS

图书在版编目(CIP)数据

裂缝性特低渗油藏注采系统调整综合决策技术/蒲春生等著. —东营：中国石油大学出版社，2015.12
（复杂油气藏物理-化学强化开采工程技术研究与实践丛书；2）
ISBN 978-7-5636-4965-5

Ⅰ.①裂…　Ⅱ.①蒲…　Ⅲ.①裂缝性油气藏—低渗透油气藏—注采系统—综合决策—研究　Ⅳ.①TE344

中国版本图书馆 CIP 数据核字(2015)第 298347 号

书　　名：裂缝性特低渗油藏注采系统调整综合决策技术
作　　者：蒲春生　杨　悦　李星红　刘　静
责任编辑：穆丽娜　张　廉（电话 0532—86981531）
封面设计：悟本设计
出　版　者：中国石油大学出版社（山东 东营　邮编 257061）
网　　址：http://www.uppbook.com.cn
电子信箱：shiyoujiaoyu@126.com
印　刷　者：山东临沂新华印刷物流集团有限责任公司
发　行　者：中国石油大学出版社（电话 0532—86981531，86983437）
开　　本：185 mm×260 mm　印张：13.75　字数：323 千字
版　　次：2015 年 12 月第 1 版第 1 次印刷
定　　价：75.00 元

中国石油大学(华东)"211 工程"建设
重点资助系列学术专著

总 序

    "211 工程"于 1995 年经国务院批准正式启动,是新中国成立以来由国家立项的高等教育领域规模最大、层次最高的工程,是国家面对世纪之交的国内国际形势而做出的高等教育发展的重大决策。"211 工程"抓住学科建设、师资队伍建设等决定高校水平提升的核心内容,通过重点突破带动高校整体发展,探索了一条高水平大学建设的成功之路。经过 17 年的实施建设,"211 工程"取得了显著成效,带动了我国高等教育整体教育质量、科学研究、管理水平和办学效益的提高,初步奠定了我国建设若干所具有世界先进水平的一流大学的基础。

    1997 年,中国石油大学跻身"211 工程"重点建设高校行列,学校建设高水平大学面临着重大历史机遇。在"九五""十五""十一五"三期"211 工程"建设过程中,学校始终围绕提升学校水平这个核心,以面向石油石化工业重大需求为使命,以实现国家油气资源创新平台重点突破为目标,以提升重点学科水平,打造学术领军人物和学术带头人,培养国际化、创新型人才为根本,坚持有所为、有所不为,以优势带整体,以特色促水平,学校核心竞争力显著增强,办学水平和综合实力明显提高,为建设石油学科国际一流的高水平研究型大学打下良好的基础。经过"211 工程"建设,学校石油石化特色更加鲜明,学科优势更加突出,"优势学科创新平台"建设顺利,5 个国家重点学科、2 个国家重点(培育)学科处于国内领先、国际先进水平。根据 ESI 2012 年 3 月更新的数据,我校工程学和化学 2 个学科领域首次进入 ESI 世界排名,体现了学校石油石化主干学科实力和水平的明显提升。高水平师资队伍建设取得实质性进展,培养汇聚了两院院士、长江学者特聘教授、国家杰出青年基金获得者、国家"千人计划"和"百千万人才工程"入选者等一批高层次人才队伍,为学校未来发展提供了人才保证。科技创新能力大幅提升,高层次项目、高水平成果不断涌现,年到位科研经费突破4亿元,初步建立起石油特色鲜明的科技创新体系,成为国家科技创新体系的重要组成部分。创新人才培养能力不断提高,开展"卓越工程师教育培养计划"和拔尖创新人才培育特区,积极探索国际化人才的培养,深化研究生培养机制改革,初步构建了与创新人才培养相适应的创新人才培养模式和研究生培养机制。公共服务支撑体系建设不断完善,建成了先进、高效、快捷的公共服务体系,学校办学的软硬件条件显著改善,有力保障了教学、科研以及管理水平的提升。

17年来的"211工程"建设轨迹成为学校发展的重要线索和标志。"211工程"建设所取得的经验成为学校办学的宝贵财富。一是必须要坚持有所为、有所不为,通过强化特色、突出优势,率先从某几个学科领域突破,努力实现石油学科国际一流的发展目标。二是必须坚持滚动发展、整体提高,通过以重点带动整体,进一步扩大优势,协同发展,不断提高整体竞争力。三是必须坚持健全机制、搭建平台,通过完善"联合、开放、共享、竞争、流动"的学科运行机制和以项目为平台的各项建设机制,加强统筹规划、集中资源力量、整合人才队伍,优化各项建设环节和工作制度,保证各项工作的高效有序开展。四是必须坚持凝聚人才、形成合力,通过推进"211工程"建设任务和学校各项事业发展,培养和凝聚大批优秀人才,锻炼形成一支甘于奉献、勇于创新的队伍,各学院、学科和各有关部门协调一致、团结合作,在全校形成强大合力,切实保证各项建设任务的顺利实施。这些经验是在学校"211工程"建设的长期实践中形成的,今后必须要更好地继承和发扬,进一步推动高水平研究型大学的建设和发展。

为更好地总结"211工程"建设的成功经验,充分展示"211工程"建设的丰富成果,学校自2008年开始设立专项资金,资助出版与"211工程"建设有关的系列学术专著,专款资助石大优秀学者以科研成果为基础的优秀学术专著的出版,分门别类地介绍和展示学科建设、科技创新和人才培养等方面的成果和经验。相信这套丛书能够从不同的侧面、从多个角度和方向,进一步传承先进的科学研究成果和学术思想,展示我校"211工程"建设的巨大成绩和发展思路,从而对扩大我校在社会上的影响,提高学校学术声誉,推进我校今后的"211工程"建设发挥重要而独特的贡献和作用。

最后,感谢广大学者为学校"211工程"建设付出的辛勤劳动和巨大努力,感谢专著作者孜孜不倦地整理总结各项研究成果,为学术事业、为学校和师生留下宝贵的创新成果和学术精神。

中国石油大学(华东)校长

2012年9月

序 一

在世界经济发展和国内经济保持较快增长的背景下,我国石油需求持续大幅度上升。2014年我国石油消费量达到 5.08×10^8 t,国内原油产量为 2.1×10^8 t,对外依存度接近 60%,预计未来还将呈现上升态势,国家石油战略安全的重要性愈加凸显。

经过几十年的勘探开发,国内各大油田相继进入开采中后期,新发现并投入开发的油田绝大多数属于低渗、特低渗、致密、稠油、超稠油、异常应力、高温高压、海洋等难动用复杂油气藏,储层类型多、物性差,地质条件复杂,地理环境恶劣,开发技术难度极大。多年来,蒲春生教授率领课题组在异常应力构造油藏、致密砂岩油藏、裂缝性特低渗油藏、深层高温高压气藏和薄层疏松砂岩稠油油藏等复杂油气藏物理-化学强化开采理论与技术方面进行了大量研究工作,取得了丰富的创新性成果,并在生产实践中取得了良好的应用效果。尤其在异常应力构造油藏大段泥页岩井壁失稳与多套压力系统储层伤害物理-化学协同控制机制、致密砂岩油藏水平井纺锤形分段多簇体积压裂、水平井/直井联合注采井网渗流特征物理与数值模拟优化决策、深层高温高压气藏多级脉冲燃爆诱导大型水力缝网体积压裂动力学理论与工艺技术、裂缝性特低渗油藏注水开发中后期基于流动单元/能量厚度协同作用理论的储层精细评价技术和裂缝性水窜水淹微观动力学机理与自适应深部整体调控技术、薄层疏松砂岩稠油油藏注蒸汽热力开采"降黏-防汽窜-防砂"一体化动力学理论与配套工程技术等方面的研究成果具有原创性。在此基础上,将多年科研实践成果进行了系统梳理与总结凝练,同时全面吸收相关技术领域的知识精华与矿场实践经验,形成了这部《复杂油气藏物理-化学强化开采工程技术研究与实践丛书》。

该丛书理论与实践紧密结合,重点论述了涉及异常应力构造油藏大段泥页岩井壁稳定与多套压力系统储层保护问题、致密砂岩油藏储层改造与注采井网优化问题、裂缝性特低渗油藏水窜水淹有效调控问题、薄层疏松砂岩稠油油藏高效热采与有效防砂协调问题等关键工程技术的系列研究成果,其内容涵盖储层基本特征分析、制约瓶颈剖析、技术对策适应性评价、系统工艺设计、施工参数优化、矿场应用实例分析等方面,是从事油气田开发工程的科学研究工作者、工程技术人员和大专院校相关专业师生很好的参考书。同时,该丛书的出版也必将对同类复杂油气藏的高效开发具有重要的指导和借鉴意义。

中国科学院院士

2015 年 10 月

随着常规石油资源的减少,低渗、特低渗、稠油、超稠油、致密以及异常应力构造、高温高压等复杂难动用油气藏逐步成为我国石油工业的重要接替储量,但此类油气藏开发难度大且成本高,同时油田的高效开发与生态环境协调可持续发展的压力越来越大,现有的常规强化开采技术已不能完全满足这些难动用油气资源高效开发的需要。将现有常规采油技术和物理法采油相结合,探索提高复杂油气藏开发效果的新方法和新技术,对促进我国难动用油气藏单井产能和整体采收率的提高具有十分重要的理论与实践意义。

自 20 世纪 90 年代以来,蒲春生教授带领科研团队基于陕甘宁、四川、塔里木、吐哈、准噶尔等西部油气田地理条件恶劣、生态环境脆弱以及油气藏地质条件复杂的具体情况,建立了国内唯一一个专门从事物理法和物理-化学复合法强化采油理论与技术研究的"油气田特种增产技术实验室"。2002 年,"油气田特种增产技术实验室"被批准为"陕西省油气田特种增产技术重点实验室"。2006 年,开始筹建中国石油大学(华东)油气田开发工程国家重点学科下的"复杂油气开采物理-生态化学技术与工程研究中心"。经过多年的科学研究与工程实践,该科研团队在复杂油气藏强化开采理论研究和工程实践上取得了一系列特色鲜明的研究成果,尤其在异常应力构造大段泥页岩井壁稳定防控机制与储层伤害液固耦合微观作用机制、致密砂岩储层分段多簇体积压裂、水平井与直井组合井网下的渗流传导规律及体积压裂裂缝形态的优化决策、深层高温高压气藏多级脉冲深穿透燃爆诱导体积压裂裂缝延伸动态响应机制、裂缝性特低渗储层裂缝尺度动态表征与缝内自适应深部调控技术、薄层疏松砂岩稠油油藏注蒸汽热力开采综合提效配套技术等方面获得重要突破,并在生产实践中取得了显著效果。

在此基础上,他们将多年科研实践成果进行系统梳理与总结凝练,并吸收相关技术领域的知识精华与矿场实践经验,写作了这部《复杂油气藏物理-化学强化开采工程技术研究与实践丛书》,可为复杂油气藏开发领域的研究人员和工程技术人员提供重要参考。这部丛书的出版将会积极推动复杂油气藏物理-化学复合开采理论与技术的发展,对我国复杂油气资源高效开发具有重要的社会意义和经济意义。

中国工程院院士

韩大匡

2015 年 10 月

随着我国陆上主力常规油气资源逐渐进入开发中后期,复杂油气资源的高效开发对于维持我国石油工业稳定发展、保障石油供应平衡、支撑国家经济可持续发展、维护国家战略安全均具有重要意义。异常应力构造储层、致密砂岩储层、裂缝性特低渗储层、深层高温高压储层、薄层疏松砂岩稠油储层是近年来逐步投入规模开发的几类重要复杂油气资源。在这些油藏的钻井、储层改造、井网布置、水驱控制、高效开发等各环节均存在突出的技术制约,主要体现在异常应力构造储层的井壁稳定与储层保护问题、致密砂岩储层的储层改造与井网优化问题、裂缝性特低渗储层的水驱有效调控问题、疏松砂岩储层的高效热采与有效防砂协调问题等。由于这些复杂油气藏自身的特殊性,一些常规开发技术方法和工艺手段的应用受到了不同程度的限制,而新兴的物理-化学复合方法在该类储层开发中体现出较强的适用性。由此,突破常规技术开发瓶颈,系统梳理物理-化学复合开发技术,完善矿场施工配套工艺等,对于提高复杂油气资源开发的效率和效益具有十分重要的意义。

基于上述复杂油气藏的地质特点和开发特征,将现有常规采油技术与物理法采油相结合,探索提高复杂油气藏开发水平的新思路与新方法,必将有效地促进上述几类典型难动用油气藏单井产量与采收率的提高,减少油层伤害与环境污染,提高整体经济效益和社会效益。1987年以来,作者所带领的科研团队一直致力于储层液/固体系微观动力学、储层波动力学、储层伤害孔隙堵塞预测诊断与评价、裂缝性水窜通道自适应调控、高能气体压裂强化采油、稠油高效开发等复杂油气藏物理-化学强化开采基本理论与工程应用方面的研究工作。在理论研究取得重要认识的基础上,逐步形成了异常应力构造泥页岩井壁稳定、储层伤害评价诊断与防治、致密砂岩油藏水平井/直井复合井网开发、深层高温高压气藏多级脉冲燃爆诱导大型水力缝网体积压裂、裂缝性特低渗油藏水窜水淹自适应深部整体调控、薄层疏松砂岩稠油油藏注蒸汽热力开采"降黏-防汽窜-防砂"一体化等多项创新性配套工程技术成果,并逐步在矿场实践中获得成功应用。特别是近十年来,项目组的研究工作被列入了国家西部开发科技行动计划重大科技攻关课题"陕甘宁盆地特低渗油田高效开发与水资源可持续发展关键技术研究(2005BA901A13)"、国家科技重大专项课题"大型油气田及煤层气开发(2008ZX05009)"、国家863计划重大导向课题"超大功率超声波油井增油技术及其装置研究(2007AA06Z227)"、国家973计划课题"中国高效气藏成藏理论与低效气藏高效开发基础研究"三级专题"气藏气/液/固体系微观动力学特征(2001CB20910704)"、国家自然科学基金课题"油井燃爆压裂中毒性气体生成与传播规律研究(50774091)"、教育部重点科技攻关项目"振动-化学复合增产技术研究(205158)"、中国石油天然气集团公司中青年创新基金项目"低渗油田大功率弹性波层内叠合造缝与增渗关键技术研究(05E7038)"、中国石油天然气股份公司风险创新基金项目"电磁采油系列装置研究与现场试验(2002DB-23)"、陕西省重大科技攻关专项计划项目"陕北地区特低渗油田保水开采提高采收率关键技术研究(2006KZ01-G2)"和陕西省高等学校重大科技攻关项目"陕北地区低渗油田物理-化学复合增产与提高采收率技术研究(2005JS04)",以及大庆、胜利、吐哈、长庆、延长、辽河、大港、塔里木、吉林、中原等石油企业的科技攻关项目和技术服务项目,使相关研究与现场试验工作取得了重要进展,获得了良好的经济效益与社会效益。在作者及合作者近30年研究工作积累的基础上,结合前人有关的研究工作,总结撰写出《复杂油气藏物理-化学强化开采工程技术研究与实践丛书》。在作者多年的研究工作和本丛书的撰写过程中,自始至终得到了郭尚平院士、王德民院士、韩大匡院士、戴金星院士、罗平亚院士、袁士义院士、李佩成院士、张绍槐教授、葛家理教授、张琪教授、李仕伦教授、陈月明教授、赵福麟教授等前辈们的热心指导与无私帮助,并得到了中国石油大庆油田、辽河油田、大港油田、新疆油田、塔里木油田、吐哈油田、长庆油田,中国石化胜利油田、中原油田,中海油渤海油田,以及延长石油集团等企业的精诚协作与鼎力支持,在此特向他们致以崇高的敬意和由衷的感谢。

本书为丛书的第二卷,以鄂尔多斯盆地南部陕北斜坡延长油田主力油层为例,全面系统地介绍了裂缝性特低渗油藏注采系统调整综合决策技术的基本理论和现场应用。

延长油田是典型的低渗、特低渗、超低渗砂岩岩性油藏,地质条件普遍以致密、特低渗、低孔、低压、低含油饱和度的长石质细-粉砂岩为主要特征,并且天然微裂缝发育。长期利用天然能量开采使得地下亏空非常严重,注水开发是延长油田可持续发展的必经之路。然而,随着油田注水工作不断深入,延长油田许多油区逐步暴露出一些严重问题:一方面,地层渗透率低,部分水井注水困难,完不成额定配注,导致油井产量低;另一方面,由于陕北地区低渗、特低渗油田存在大量微裂缝,油层渗流方向性明显,加上多年衰竭式开采,注入水沿主流通道窜流严重,水淹速度快,综合含水上升迅速,产量递减快,整体采收率低。因此,为了确保延长油田注水开发战略的顺利实施,急需在深入研究主力储层地质特征的基础上,系统分析各主力层系的开发特征与开发指标,进而借助相关油藏工程分析方法,建立适合延长油田主力油层特征与开发特征的综合治理方案及配套工艺,这已成为提高延长油田注水开发效果,确保油田可持续发展的关键。

作者带领科研团队以延长油田裂缝性特低渗油藏为研究对象,在注采系统调整综合决策技术方面开展了十余年的研究工作,并在以下方面取得了重要进展:

(1)通过裂缝性特低渗油藏地质分类研究,总结了延长油田长2、长6、延9储层的分布情况及发育的沉积微相特征、基本储层特征,确定了裂缝性特低渗油藏高含水综合治理的主要油藏目标。

(2)通过裂缝性特低渗油藏油水渗流规律研究,揭示延长组是基质内渗吸置换与裂缝网络内水驱油的双重介质、双重模式渗流,受天然裂缝发育和人工裂缝展布的影响,而延安组是基质内多孔介质油水渗流,受人工裂缝和纵向、平面非均质性影响。

(3)通过裂缝性特低渗油藏注水开发特征研究,得到长2、长6、延9储层动用程度及目前开发状况,明确裂缝性特低渗油藏存在的主要问题,并给出问题原因及解决对策。

(4)通过裂缝性特低渗油藏井网优化与注采体系调整关键技术研究,得到了裂缝性特低渗油藏所适应的理论最佳井网、水驱开发方式、高含水期驱油调堵方式、油井严重水淹后井网调整形式及相应工艺参数。

全书共分为6章。第1章介绍延长油田裂缝性特低渗油藏划分、储层地质和开发特征;第2章通过研究延长油田裂缝性特低渗油藏的相渗曲线、启动压力梯度、储层敏感性等,揭示该类储层在开发过程中的油水渗流规律及影响注水开发的主控因素;第3章基于延长油田各采油厂裂缝性特低渗油藏开发状况,评价该类油藏现有注采体系特征及开发效果,剖析影响注水开发效率的关键问题,描述注水开发中剩余油分布规律;第4章通过延长油田裂缝性特低渗油藏现有注采体系评价、剩余油分布规律研究及治理对策分析,制定适合该类储层的开发井网及合理水驱方式、压裂增产方式、高含水期调堵方式、化学驱增效方式等油藏工程综合治理方案;第5章结合各试验区的具体情况介绍各试验区的单井治理方案;第6章探讨裂缝性特低渗油藏开发难点及开发思路。

本书可供从事油气田开发工程、石油地质与勘探、环境工程等方面工作的科研工作者与工程技术人员参考,也可以作为相关专业领域的博士、硕士研究生和高年级大学生的参考教材。

本书内容主要基于作者及所领导的科研团队取得的研究成果,同时也参考了近年来国内外同行专家在这一领域公开出版或发表的相关研究成果,相关参考资料已列入参考文献之中,特做此说明,并对这些资料的作者致以诚挚的谢意。

中国石油大学(华东)油气田开发工程国家重点学科"211工程"建设计划、985创新平台建设计划和中国石油大学出版社对本书的出版给予了大力支持和帮助,在此表示衷心的感谢。本书的出版还得到了国家出版基金和中国石油大学(华东)"211工程"建设学术著作出

裂缝性特低渗油藏注采系统调整综合决策技术

版基金的支持,在此一并表示感谢。

目前,裂缝性特低渗油藏注采系统调整综合决策技术在诸多方面仍处于研究发展阶段,加之作者水平有限和经验不足,书中难免有不少缺点和错误,欢迎同行和专家提出宝贵意见。

作　者

2015 年 8 月

CONTENTS | 目 录

第1章 裂缝性特低渗油藏概述

1.1 特低渗油藏划分及其特征

1.1.1 特低渗油藏划分

从世界范围来说,低渗油藏是一个相对的概念,随不同国家、不同时期的资源状况和技术经济条件的不同,其变化范围很大,各国并无统一的划分标准和界限。但根据生产实践和理论研究,人们对低渗油藏的范围和界限也形成了相对一致的认识[1-6],一般把低渗油藏的渗透率上限定为 $50 \times 10^{-3} \mu m^2$,并按渗透率大小及开采方式的不同,将低渗储层分为以下三种类型。

(1) 低渗储层。渗透率为 $(10 \sim 50) \times 10^{-3} \mu m^2$,占低渗透油藏总储量的 54%。该类储层的特点接近于常规储层,其在地层条件下的含水饱和度为 $25\% \sim 50\%$,测井油水层解释效果好,一般具有工业性自然产能,但在钻井和完井中极易造成污染,需采取相应的油层保护措施。该类储层的开采方式及最终采收率也与常规储层相似,压裂可进一步提高其产能。

(2) 特低渗储层。渗透率为 $(1 \sim 10) \times 10^{-3} \mu m^2$,占低渗透油藏总储量的 37.6%。该类储层是典型的低渗透储层,其在地层条件下的含水饱和度变化较大($30\% \sim 70\%$),部分为低电阻油层,测井解释难度较大。这类储层的自然产能一般达不到工业标准,需压裂投产。

(3) 超低渗储层。渗透率为小于 $1 \times 10^{-3} \mu m^2$,占低渗透油藏总储量的 8.4%。该类储层属于致密低渗透储层,储层孔喉半径很小,油气很难进入,含水饱和度多大于 50%。这类储层已接近有效储层的下限,几乎没有自然产能,需进行大型压裂改造才能投产,且需采用高新技术才能从经济上获得效益。

1.1.2 裂缝性特低渗油藏的特征

1. 孔隙度和渗透率低

特低渗油藏的显著特点是低渗、低孔,受微观结构的影响增强[7-10]。由于特低渗油藏岩屑含量高,岩石颗粒分选差,粒度分布广,不像中、高渗储层粒度集中,黏土和碳酸盐胶结物又较多,因此特低渗油藏的孔隙度和渗透率均较低。相关统计数据显示,特低渗油藏储层的平均孔隙度为 18.6%,最大孔隙度为 30.2%,最小孔隙度为 1.2%;储层渗透率一般都在 $(1\sim10)\times10^{-3}\mu m^2$ 之间,但不同油藏或同一油藏的不同储层也不尽相同,并且差异很大,非均质性相当严重。特低渗储层结构的这些特征对储层中流体的分布及渗流规律会产生极大的影响。

2. 孔喉细小,溶蚀孔发育

特低渗储层孔隙以粒间孔为主,原生粒间孔(<25%)和次生粒间溶蚀孔(40%~70%)都有发育,但溶蚀孔相对较发育。另外,还有微孔隙(<35%)、晶间孔和裂缝孔,其中裂缝孔在低渗油藏储层中占有非常重要的地位。随着渗透率和孔隙度的降低,裂缝孔有增加的趋势,显然这不利于流体的渗流。

另外,特低渗储层以中、小孔为主,喉道以管状和片状细喉道为主。对大量的特低渗油田进行统计发现,孔喉中值半径一般小于 $1\ \mu m$,非有效孔喉体积(半径小于 $0.1\ \mu m$ 的孔喉体积)在整个孔喉体积中占有较大比例,这直接影响着储层的渗透性。

3. 黏土发育

特低渗储层孔隙中含有大量的黏土矿物,不同黏土矿物的敏感特征不同。黏土矿物主要有以下几种类型:

(1)水敏矿物,主要是蒙脱石和伊利石。这两种矿物具有很强的吸水膨胀性,遇水发生水化膨胀,体积增大 20~25 倍,使孔隙、喉道变得狭窄,增加流体的渗流阻力。蒙脱石的水敏性要强于伊利石。

(2)速敏矿物,主要是高岭石。这种矿物的晶体结构不紧密,颗粒在高速流体的冲击下容易发生脱落、运移,最终堵塞孔道。

(3)酸敏矿物,主要是绿泥石。这种矿物铁、镁含量高,遇酸容易发生化学反应并产生沉淀物,堵塞孔隙,降低储层渗透率。

另外,还有许多其他黏土矿物。这些黏土矿物的存在对特低渗油藏储层造成损害,影响流体的渗流。

4. 裂缝发育

我国特低渗油藏储层的裂缝大多为构造裂缝,其分布比较规则,常常成组出现;裂缝切穿深度大,产状以高角度缝为主,倾角大于 $60°$ 的裂缝占总裂缝的 70% 以上;裂缝密度受构造部位、砂岩厚度、岩性控制十分明显。一般来说,褶皱转折处、背斜的陡翼以及断层的附近裂缝较发育;砂岩厚度大,裂缝密度小,岩性越致密坚硬,裂缝越发育。我国特低渗油藏裂缝宽度一般都较小,多数在十几到几十微米之间,延伸长度多小于 $100\ m$。

特低渗砂岩油藏的裂缝孔隙度都很小,一般小于 1%,但渗透率变化巨大,造成非均质性严重,不利于流体的渗流。特低渗油藏还存在原始含水饱和度高、油藏类型单一、原油性质好等特征。

1.2　国内外裂缝性特低渗油藏开发技术现状

1.2.1　裂缝性特低渗油藏开发井网

低渗透油藏的开发与中、高渗透油藏开发有着明显不同的特点。低渗透油藏的开发与裂缝密切相关,它依靠天然或人工裂缝提高储层传导能力,从而提高产能和开发效果,尤其是特低渗油藏,如果没有天然或人工裂缝的存在,就没有工业开采价值。同时,由于存在裂缝,低渗透油藏平面渗透率的非均质性变得尤为严重,据资料统计,平行于主应力方向的渗透率比其他方向的渗透率高数十倍甚至数百倍。在这种情况下,就必须进行井网系统与裂缝系统的优化配置,在充分发挥裂缝有利作用的同时,尽量减少裂缝的不利影响,即使油井尽量都处于相对有利的部位,比较均匀地见到注水效果,提高平面注水波及系数和开采效果[11-20]。

在国内砂岩油田开发中,对裂缝的认识最早开始于 20 世纪五六十年代开发的玉门石油沟油田和吉林扶余油田等裂缝性油藏,而把裂缝系统有意识地考虑到井网部署中则是在 80 年代开发的吉林新立、乾安和大庆朝阳沟等裂缝性特低渗油田,90 年代初投入开发的吉林新民油田、吐哈丘陵油田和长庆安塞油田等低渗透油田则初步形成了裂缝性特低渗油藏整体开发优化设计观念。裂缝性特低渗油田的开发实践过程极大地推动了我国低渗透油田的开发规模和范围,并为经济有效地开发特低渗油藏打下了坚实的技术基础。裂缝性低渗透油田的开发实践也为具有人工裂缝的特低渗油田开发井网系统的优化设计提供了很好的思路,把人工裂缝与天然裂缝同等看待,形成特低渗油藏开发井网整体压裂优化设计,即压裂直井开发井网系统整体优化设计。下面简单介绍裂缝性特低渗油藏井网调整和发展历程。

1.　初期阶段,沿裂缝自然水线注水

在 20 世纪五六十年代,对潜在裂缝的识别技术较少,裂缝的产状和作用多是在注水开发实践中根据动态资料得到认识和确定的。玉门老君庙和石油沟油田及吉林扶余油田在注水开发过程中,油井方向性水窜严重,沿裂缝方向的油井快速水淹,而裂缝两侧的油井却迟迟见不到注水效果,开发效果很差。后来根据这种开发状况,将水淹的油井转注,形成沿裂缝方向注水、向裂缝两侧驱油的开采方式。

2.　第二阶段,井排方向与裂缝方向错开 22.5°

在 20 世纪 80 年代,吉林新立油田、乾安油田和大庆朝阳沟油田的开发中,为了减缓沿裂缝方向油井过早见水和暴性水淹的矛盾,将正方形反九点井网的井排方向与裂缝方向错开 22.5°。

这种井网方式初期效果较好,沿裂缝方向注水井两边的油井见水时间延长,水淹时间延迟,开发指标较好,但中期以后,存在注水井排方向的油井见水较快、注水效果差,后期不易调整成与裂缝展布方向一致的注水井排等不利方面。因此,这种井网方式虽然对沿裂缝方向的油井水窜现象有所改善,但总体上还不够完善。20 世纪 90 年代以后投产的裂缝性砂岩

油田都不再采用这种布井方式。

3. 第三阶段,井排方向与裂缝方向错开 45°

在总结过去经验教训和深入地进行数值模拟研究分析之后,裂缝性砂岩油田注水开发井网部署工作有了新的发展,即在井排方向与裂缝方向错开 22.5°的正方形反九点井网的基础上进一步优化,将井排方向与裂缝方向错开 45°。

这种井网在吉林新民油田、长庆安塞油田和吐哈丘陵油田等特低渗油藏的开发中得到应用并取得了较好的效果。这种井网方式的优点是:沿裂缝方向的井距有所扩大,可以相对延长该方向的油井见水时间;除裂缝方向外,注入水为垂直方向驱油,可以避免油井暴性水淹;初期开发效果较好,中后期便于调整为沿裂缝方向的线状注水方式(也称井排方向与裂缝方向一致的正方形五点井网)。

4. 目前采用菱形井网或矩形井网

特低渗油藏的渗透率比较低,采用面积注水方式更容易满足特低渗油藏注水开发的需要。目前比较常见的面积注采井网类型主要有行列注水井网、三角形反七点井网、正方形反九点井网、菱形反九点井网和五点井网[21-45]。

对裂缝性特低渗油藏的井进行合理部署,应考虑以下两个因素:

(1)应沿裂缝线状注水,即使井排与裂缝方向保持一致,避免油井发生水窜。这种注采方式不必顾忌因裂缝过长而造成的注水井之间很快形成的水线。当注水井之间沿裂缝形成水线后,随着注水量的不断增加,在压力梯度的作用下,注入水会逐渐把基质中的油驱替到油井中,这样既可以防止油井暴性水淹,又可以扩大注入水的波及体积。

(2)注水井井距一般应大于油井井距,同时也应大于注水井与油井之间的排距。在线状注水情况下,若裂缝保持开启状态,在强烈的渗透率级差和各向异性的作用下,注水井排会很快形成水线。若井距和排距的差异不大,则注水能力富余,而油井见效不明显;若采用注水井井距大于油井井距和排距的不等距井网,则注水井能充分发挥注水能力,油井也可以比较明显地见到注水效果。通过矿场实践经验可以得出,裂缝性特低渗油藏的合理注采井网应是不等井距的沿裂缝的线状注水井网。

经过室内物理模拟、数值模拟研究和现场试验以及大量的生产实践,总结归纳出了裂缝性特低渗油藏注采井网部署的基本原则:

(1)适应裂缝性砂岩油藏的特点。沿裂缝线状注水,可提高水驱波及体积,提高开发效果。

(2)适应裂缝方向渗流阻力小、裂缝正交方向渗流阻力大的特点。加大注水井距,缩小注采井排距,既可减少开发井数,又有利于油井受效,从而提高经济效益及开发效果。

(3)为了获得较高的采油速度及无水采收率,开发初期采用油井数较多的面积注水,开发后期采用油井井排加密的线状注水。

遵循以上原则,对裂缝性砂岩油田合理井网的最佳部署是:在开发初期,井排方向与裂缝方向的夹角为 45°,采用正方形反九点井网面积注水;待裂缝方向油井水淹后,调整为沿裂缝线状注水,即将裂缝方向水淹油井转注,同时将平行裂缝方向的油井井排加密。

1.2.2　裂缝性特低渗油藏注水开发

裂缝性特低渗油藏的地质特点是决定注水开发能否经济、高效开发油藏的关键,而裂缝的存在对油藏注水开发方式有很大的影响[46-50]。目前,从国内外裂缝性低渗透油藏的开发技术来看,合理注采井网井距与裂缝方位的优化配置、周期注水开采技术以及后续的加密井网调整是主要的应用技术[51-60]。

除了上述井网开发方式以外,周期注水方式(亦称间歇注水、脉冲注水等)也在裂缝性特低渗油藏中得到应用,其驱油机理是:通过周期性地改变注入量和采出量,在地层中造成不稳定的压力场,使流体在地层中不断重新分布,使注入水在层间压力差的作用下发生层间渗流,促进毛管吸渗作用,提高注入水波及体积系数及洗油效率,从而提高采收率。周期注水还会使平面上高低渗透条带或区块发生交渗现象,使低渗透条带中的剩余油流向高渗透带并开采出来,从而提高采收率。平面非均质性越严重,周期注水效果越好。

裂缝-孔隙油藏的周期注水首先在美国的 Spraberry 油田作为一种新的开发方式被提出并进行了生产试验,取得了良好的开发效果;在前苏联,经过长期研究和矿场试验后,确认在裂缝性砂岩油田进行周期注水是十分有效的,并将这种注水方式大规模推广应用;在我国的裂缝性砂岩油田中,新立油田和头台油田也已开展了周期注水采油试验。一般认为,裂缝性砂岩油藏的周期注水机理与层状非均质砂岩油藏的周期注水机理基本相同,即利用毛管力的吸渗作用和弹性力引起的压力周期涨落时的窜流作用。但是裂缝性油藏周期注水时的压力波动幅度不宜过大,否则注入水将沿裂缝窜至井底,降低开发效果。因此,在裂缝性砂岩油藏周期注水过程中,毛管力的作用处于主导地位。

1. 周期注水过程中储层流体弹性力的作用

微观方面,在周期注水过程中,储层流体弹性力引起的压力扰动可以将一部分油运移到贾敏效应较小的孔隙中并使之向前流动。同时,当油相处于压力扰动的波峰时,压力梯度相应增大,可以使油克服较大的贾敏效应而流动。

宏观方面,在水平方向上,低渗透带造成的剩余油富集区采用周期注水能够改变常规注水形成的比较稳定的压力分布场,激活死油区,使剩余油从死油区流出并被开采出来。在纵向上,注水时裂缝系统压力升高,水由裂缝进入基质;停注时基质系统压力升高,油由基质进入裂缝。

2. 周期注水过程中毛管力的作用

微观方面,在注水阶段,由于细网中的毛管力小于粗网中的注水驱替压力,因此抑制了细网中的原油向外流动;在停注阶段,粗网中的流体压力逐渐下降,缝隙和细网通道中的原油在毛管力的作用下流向粗网通道;在复注阶段,注入水进入粗网通道,将原油驱向井底,同时注入水靠外压强行进入细网,使这些缝隙中的流体停止外流,直到再次停注。

宏观方面,随着弹性能量的释放,毛管力作用引起的油水逆向窜流逐渐居于主导地位,高低渗透层间的含水饱和度、渗透率和润湿性的差异会引起自渗吸现象,油从低含水饱和度区流向高含水饱和度区,水则从高含水饱和度区流向低含水饱和度区。

3. 周期注水工作参数的选择

1）注水时机

微观驱油机理研究认为,周期注水的最佳时机是含水 40％时;数值模拟研究认为,衡量一种注水方式的好坏,不仅要看提高采收率的大小,还要考虑注水效率等一些相关指标,进行综合评价,研究认为周期注水的最佳时机为含水 60％～80％时;室内实验研究认为,早期周期注水比晚期周期注水效果好;矿场试验证实,在高含水后期仍可进行周期注水。

对于裂缝与基质渗透率比值较高的油藏,连续注水时大量的水流经裂缝系统做无效消耗,因此周期注水开始的时间越早,无效注水量越低,而裂缝与基质间的累积渗吸量越高,周期注水效果好;对于裂缝与基质渗透率比值较低的油藏,周期注水降低无效水量和提高采收率的幅度较低,因此周期注水的时间不宜过早,应选择在中高含水期,否则采油速度将会降低。

2）注水周期

注水周期可分为对称式周期和不对称式周期,不对称式周期又可分为短注长停、长注短停及注采交替等类型。室内研究认为,在对称式周期情况下,周期越长,效果越明显,但大于12 个月以后变化幅度明显减小。数值模拟研究表明,不对称式周期好于对称式周期,在周期长短一定的情况下,停注时间越长,效果越好,但当停注与注水时间比大于 5 以后变化幅度不大。合理的注水周期可通过矿场试验确定,应用较多的停注与注水时间比为 1 和 0.15。

周期注水初期,裂缝的含水饱和度与基质的含水饱和度差别大,毛管力高,渗吸量大,停注期间达到渗吸平衡点的时间短;随着间歇次数的增加,渗吸量逐渐减小,停注期间达到渗吸平衡点的时间逐渐延长。因此,对于裂缝性砂岩油藏,随开发时间的延长,注水和停注周期应逐渐延长。

3）合理的注水量

对不同区块应采取不同的注水政策。对于压力低于原始地层压力的区块,注水量应保持注采平衡,周期注水量应在稳定注水量的 90％以上;对于压力高于原始地层压力的区块,可以低于注采平衡注水,缓解水窜、水淹的矛盾。

1.2.3 裂缝性特低渗油藏采油技术

目前,裂缝性特低渗油藏所涉及的采油技术包括一次采油技术、二次采油技术和三次采油技术等[61-70]。

一次采油技术为仅依靠天然能量开采原油的方法,天然能量包括天然水驱、弹性能量驱、溶解气驱、气顶驱及重力驱等。随着地层压力的下降,用注入流体（以水为主）补充地层压力的方法来采油,称为二次采油。三次采油是用来提高油田原油采收率的技术,通过气体注入、化学剂注入、超声波刺激、微生物注入或热回收等方法来实现。

目前试验和研究的三次采油技术主要为化学驱、气驱、热力驱和微生物驱。其中,化学驱包括聚合物驱、表面活性剂驱、碱驱及其复配的二元、三元复合驱和泡沫驱等;气驱包括 CO_2 混相/非混相驱、氮气驱、烃类气驱和烟道气驱等;热力驱包括蒸汽吞吐、热水驱、蒸汽驱和火烧油层等；微生物驱包括微生物调剖或微生物驱油等[71-100]。上述三次采油技术中，有的已形成工业化应用，有的正在开展先导性矿场试验，有的还处于理论研究阶段。其中，化学驱、气驱和微生物驱在特低渗油藏开发中应用较多。

1. 化学驱

自 20 世纪 80 年代美国化学驱达到高峰后的 20 多年中，化学驱在美国运用得越来越少，但在中国却得到了成功应用。中国化学驱技术已代表了世界先进水平，其中聚合物驱技术于 1996 年形成工业化应用；"十五"期间大庆油田形成了以烷基苯磺酸盐为主剂的碱＋聚合物＋表面活性剂三元复合驱技术，胜利油田形成了聚合物＋表面活性剂的无碱二元复合驱技术；目前，已开展了碱＋聚合物＋表面活性剂＋天然气泡沫复合驱的室内研究和矿场试验。

2. 气驱

20 世纪 70 年代，注烃类气驱在加拿大获得了成功应用；80 年代，CO_2 混相驱成为美国最重要的三次采油技术。目前，氮气或烟道气技术应用较少。

3. 微生物驱

对于微生物驱，虽然进行了大量的研究和先导性试验，但在投入大规模推广应用前还需要进一步研究。

1.3　裂缝性特低渗油藏开发技术难点与对策

1.3.1　技术难点

（1）裂缝性特低渗油藏特征极为复杂，不同油藏特征差异较大。需要准确、全面地认识不同裂缝性特低渗油藏的综合特征，尤其是裂缝发育和张启闭合规律，为探索裂缝、特低渗基质微孔喉等对该类储层开发的影响提供基础。

（2）裂缝性特低渗油藏的复杂储层特征难以用常规的数值模拟手段进行准确模拟，需要找到一种新的数学方法或概念模型，对裂缝性特低渗油藏进行抽象模拟，从而对该类储层的渗流开发规律进行定量化分析。但是由于储层特征过于复杂，该类油藏的模拟始终难以有效准确地解决。

（3）裂缝性特低渗油藏开发难度大，衰竭式开发采收率低，注水开发易水窜，增产改造措施受地应力及裂缝的影响大。如何有效地找到一种合适的开发方法，是解决裂缝性特低渗油藏提高整体开发效率的一个重要问题。

（4）在当前开发模式下，针对裂缝性特低渗油藏的强非均质性、开发难度大和易出现其他问题等基础特征，以及裂缝性特低渗油藏出现的一些低效开发特点，找到导致开发低效的主要原因并给出合适的、具有较高适用性的后续调整治理对策，是当前能源形势紧张的情况下保持该类油田增产、稳产的一个重要难点。

1.3.2　技术对策

（1）充分综合宏观和微观分析手段，利用油田矿场检测和室内宏观-细管-微观实验评价方法，给出裂缝性特低渗油藏的综合储层特征，并分析不同类型孔隙特征对开发渗流的影响。

（2）分析目前常用的模拟手段，并引入其他学科的先进数学算法，按照由简至繁的顺序积极建立不同类型的理想概念模型，有序地推进对裂缝性特低渗油藏的模拟计算。

（3）综合目前已有的开发治理技术决策方法，进行筛选、复合、优化、总结、整理，得到适用于裂缝性特低渗油藏的开发治理技术决策方法，依次进行有针对性的油藏开发调整方案的设计。

（4）延续国内外大量开发技术的发展历程，积极开展油藏开发调整治理方案矿场先导性试验，为更大区块乃至该类油藏提供实际经验，不断修正，得到裂缝性特低渗油藏开发及调整过程中的决策技术方向和实际有效方法。

第 2 章　裂缝性特低渗油藏地质概况与油水渗流规律

要对裂缝性特低渗油藏进行综合治理,首先必须了解裂缝性特低渗油藏的基本储层特征,为后续模拟研究和储层评价提供储层特征参数,为井间和单井研究提供储层地质基础。本章通过确定延长油田裂缝性特低渗油藏综合治理的储层的地层界线,分析目的储层的沉积背景和沉积特征,掌握储层基本参数概况,并基于上述地质特征根据常用储层分类方法进行优势储层划分,最终对不同丰度和开发潜力的储层进行提高采收率评价并为治理分析奠定基础;然后结合相渗曲线、启动压力梯度和储层敏感性等资料,描述储层渗流特征,揭示影响注水开发油水渗流的主控因素与控制机制。

由于延长组油层分布广泛,因此将延长油田延长组裂缝性特低渗油藏划分为东部和西部两部分,对其分别进行油藏地质特征概述及地质分类研究。

2.1　裂缝性特低渗油藏地质概况

2.1.1　地层界线划分及全区构造特征

延长油田钻遇的地层自上而下分别为第四系、白垩系、侏罗系、三叠系。其中,白垩系和侏罗系在北部油区的厚度大、保存好,且大部分地区的第四系直接不整合覆盖在三叠系或侏罗系之上。侏罗系延安组和三叠系延长组是北部油区的主要勘探目的层,而南部和东部则以三叠系延长组为主要勘探目的层。

三叠系延长组一般按沉积旋回划分为 10 个油层组,即长 1~长 10 油层组。侏罗系延安组一般分为 5 段,按照沉积旋回划分为 10 个油层组,即延 1~延 10 油层组。各油层组可进一步划分出若干个亚油层组(或称砂层组)。由于沉积期后的剥蚀,各地区保存的油层组数不同。

1. 区域构造背景

鄂尔多斯盆地构造形态总体为一东翼宽缓、西翼陡窄的南北向不对称矩形台坳型盆地,面积为 $25 \times 10^4 \ km^2$,盆地内部构造相对简单,地层平缓,仅盆地边缘褶皱断裂比较发育。延

长油田东部油区大地构造位置处于鄂尔多斯盆地东部二级构造单元陕北斜坡上,如图 2-1
所示。

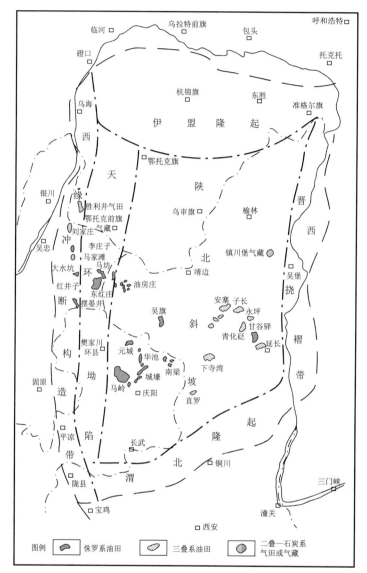

图 2-1　鄂尔多斯盆地构造位置示意图

陕北斜坡为鄂尔多斯盆地的主体部分,主要形成于早白垩纪,为一向西倾斜的平缓单
斜,坡降一般为 7~10 m/km,倾角一般小于 1°,由西向东露出的地层依次由下侏罗统延安组
转为上三叠统延长组。该斜坡断层与局部构造均不发育,仅存在由于差异压实作用而形成
的低幅度鼻状构造,且鼻状构造形态多不规则,方向性较差,两翼一般近对称,倾角小于 2°,
闭合面积小于 10 km²,闭合度一般为 10~20 m。幅度较大、圈闭较好的背斜构造在该斜坡
不发育。

2. 地层界线划分及标志层特征

1）长庆油田油层组划分方案

长庆油田的油层组划分方案主要是按沉积旋回与标志层相结合、适当考虑厚度的方法来划分的。研究认为以张家滩页岩为代表的湖进以来，陕甘宁盆地内部统一的大湖泊一直延续到 T_3y_5（长 1）。吴旗—安塞—三延地区一直是一个湖泊三角洲发育的地区，湖泊的反复进退可能是造成不同时期三角洲的主要原因。因此，研究中首先按标志层确定各油层组的大致范围，然后按沉积旋回确定具体的油层组界线；如果在厚度上不协调，则还需考虑厚度原则。

长庆油田根据凝灰岩（斑脱岩）标志层和沉积旋回，将张家滩页岩段上的延长组细分为 6 个油层组和 6 个亚油层组。从张家滩页岩段上的延长组中挑选出 9 个标志层，自上而下编号为 $K_1 \sim K_9$，其中在安塞地区比较稳定的标志层有 4 个，即 K_1，K_3，K_8 和 K_9。

K_1 又称张家滩页岩，主要为黑色泥岩和粉砂质泥岩，厚 $3 \sim 4$ m，在电测曲线上表现为高声速时差（$320 \sim 370 \ \mu s/m$）、高伽马（$10 \sim 12.5$ API）、中低电阻，其中高的箱状时差曲线形态最为突出。K_1 在各井中的出现率为 100%，位于长 7 中部，距底界 $25 \sim 35$ m。

K_2 为凝灰岩，厚约 1 m，电性呈高声速、高伽马、低电阻、尖刀状井径。K_2 在各井中的出现率为 93%，位于距长 6^3 底界 $1 \sim 5$ m 处。

K_3 为米黄—灰黄色凝灰岩，厚度小于 $0.5 \sim 1$ m，电性特征同 K_2。K_3 在各井的出现率为 100%，位于距长 6^2 底界 $1 \sim 3$ m 处。

K_4 为泥岩，电性特征同 K_2。K_4 在各井的出现率为 58.1%，位于距长 6^1 顶部 $3 \sim 10$ m 处。

K_5 为凝灰岩，电性特征同 K_2。K_5 在各井的出现率为 67.7%，位于长 $4+5$ 中部。

K_6 为泥岩与凝灰岩，电性特征同 K_2。K_6 在各井的出现率为 74.2%，位于距长 3 底界 $5 \sim 10$ m 处。

K_7 为泥岩与凝灰岩，电特征性同 K_2。K_7 在各井的出现率为 61.3%，位于距长 3 顶部 $3 \sim 5$ m 处。

K_8 为炭质泥岩、凝灰岩互层，电性特征同 K_2。K_8 在各井的出现率为 88.6%，位于距长 2^2 顶部 $3 \sim 5$ m 处。

K_9 为炭质泥岩、煤线夹凝灰岩，电性特征同 K_2。K_9 在各井的出现率为 100%，位于距长 1 底界 $0 \sim 5$ m 处。

延安组的地层划分主要以典型的砂岩、泥岩和煤层作为标志层。在地层、油层组的划分与对比过程中，研究借鉴了原地矿系统及长庆油田、延长油田对陕北地区侏罗系、三叠系地层及油层组的划分标准（表 2-1）。

2）地层划分的依据

在石油勘探与开发中，为了准确地寻找目的层，制订科学的勘探开发方案，对地层的划分与对比要求以等时地层单位为标准[101-105]。目前常用的等时地层标志包括区域地层不整合（沉积间断）面、岩性-时间标志层等。在该区的研究工作中，主要采用以下几种标志：

表 2-1 陕北地区侏罗系、三叠系地层及油层组划分对比表

地层系统 系	统	志丹探区			长庆油田			三　普			标志层
白垩系	下统	环河华池组(K₁h)						志丹群(K₂z)			
		洛河组(K₁l)									洛河砂岩
侏罗系	中统	安定组 J₂a									安定泥灰岩
		直罗组 J₂z									七里镇砂岩
		延安组 J₂y	第四段 J₂y₄		延安组 J₁y	第四段 J₂y₄	延1	延安组 J₁₋₂y	第五段 J₁₋₂y₅	延1	
							延2			延2	
							延3			延3	
			第三段 J₂y₃	延4+5		第三段 J₂y₃	延4		第四段 J₁₋₂y₄	延4	
							延5			延5	块状高阻砂岩
			第二段 J₂y₂	延6		第二段 J₂y₂	延6		第三段 J₁₋₂y₃	延6	
				延7			延7			延7	高阻砂岩
				延8			延8			延8	裴庄砂岩
			第一段 J₂y₁	延9		第一段 J₂y₁	延9		第二段 J₁₋₂y₂	延9	枣园泥岩
				延10			延10			延10	宝塔砂岩
	下统	富县组 J₁f						第一段 J₁₋₂y₁	延11		金盆湾砾岩(杂色泥岩)
三叠系	上统	延长组 T₃y	第五段 T₃y₅	长1	延长组 T₃y	第五段 T₃y₅	长1	延长组 T₃y	第五段 T₃y₅	第五段 T₃y₅	瓦窑堡煤系地层
			第四段 T₃y₄	长2 长2¹		第四段 T₃y₄	长2		第四段 T₃y₄	第四段 T₃y₄	永坪砂岩
				长2²							
				长2³							
				长3 长3¹			长3				
				长3²							
				长3³							
			长4+5			长4+5			细脖子段	高阻泥岩	
			第三段 T₃y₃	长6 长6¹		第三段 T₃y₃	长6 长6¹		第三段 T₃y₃	第三段 T₃y₃¹⁻³	
				长6²			长6²				
				长6³			长6³				高阻泥页岩
				长6⁴			长6⁴				高阻泥页岩
				长7¹⁻²			长7				高阻页岩
			第二段 T₃y₂	长7³		第二段 T₃y₂			第二段 T₃y₂	第二段 T₃y₃¹⁻²	张家滩页岩
				长8			长8				
				长9			长9				李家畔页岩
			第一段 T₃y₁	长10		第一段 T₃y₁	长10		第一段 T₃y₁	第一段 T₃y₁	
	中统	纸坊组(T₂z)									

（1）区域地层不整合面。

上三叠统延长组与下侏罗统延安组之间的不整合面是该区划分层系的主要标志。延长组第五段(长 1)因受三叠纪末印支运动的影响,保存程度差异很大。该区是陕甘宁盆地中 T_3y_5(长 1)保存较好的地区之一,其中以北部与西北部的保存最为完全,最大残留厚度可达 400 m 左右,向东、南、西各方向则逐渐减薄至完全剥失,反映了侏罗系沉积前的古地貌。

（2）分布广泛稳定的湖相泥岩。

T_3y_2 的张家滩页岩和 T_3y_5 底部的湖相泥岩分布广泛,厚度变化稳定,因此在研究中将其作为地层划分与对比的主要依据[106]。在该区,张家滩页岩的厚度多为 10 m 左右,T_3y_5 底部的湖相泥岩多为 15 m 左右,它们在区域上分布稳定,电性特征突出,均以高伽马、中低电阻为特征。该区域延长组地层厚度接近 770～790 m,反映出原始沉积盆地地形平坦、构造沉降稳定的特点,是该区地层对比最重要的标志层。

（3）斑脱岩。

斑脱岩是凝灰岩的蚀变产物,因其堆积快、分布广,加之岩性典型、电性特征突出,易于辨识,通常被当作最理想的岩性-时间标志层[107]。延长组发育有大量的斑脱岩薄夹层,但是发育程度差别很大,所以只选择了区域分布稳定的斑脱岩作为对比标志,它们是划分长 7、长 6 和长 4＋5 以及长 6 内部亚油层组的标志。

（4）区域分布广泛稳定的进积型河道砂体。

大型河道砂体的顶、底界面是古地理环境发生突然变化的标志,它们可能是地层基准面升降速率发生突变的一种响应。按照容纳空间理论,河流的广泛下切作用是基准面下降到地表以下的结果。席状巨厚河道砂体是在容纳空间变化速率与沉积物供应速率比值较低的情况下形成的,因此在层序地层学中通常把辫状河的席状砂体基底作为层序的界面[108]。河道砂体的顶面代表河道沉积的终结,顶面上的泥质沉积物反映了容纳空间的突然增大,即地层基准面的快速上升。这种反映区域性基准面升降变化的面也是一种等时面。因此,在河流沉积的长 3 及长 2 油层中,利用这种界面作为地层划分与对比的依据。

（5）延安组广泛分布的煤层。

鄂尔多斯侏罗纪是主要的成煤期,尤其在盆地南缘和北部的延安组煤层发育。例如,盆地北部 DB 探区的煤层厚度最大,延 9 和延 8 的单层煤层厚度可达 5 m 以上;而延 7 顶部煤层组在盆地中南部的大部分地区表现为由 1～3 层煤所组成的煤层组,单层厚 1～3 m。该煤层组电阻比较高,在延安组中的分布比较稳定,是地层对比的一个主要标志层[106-111]。延 7 顶部煤层组分布稳定,电性以高阻为特征。在延 6 砂体发育或煤层发育时,往往出现由 2～4 个高尖所组成的高阻层,此时延 7 的顶部往往划在下部的第一或第二个对应煤层的高阻处。延安组中部的煤层发育比较稳定,常见由 3～5 层煤组成的煤层组,即延 6、延 7 和延 8 的顶煤,其中延 6、延 7 的顶煤最厚,约为 5 m。

3）研究区地层划分的实现

此处主要研究主力油层长 2、长 6 和延 9 的地层划分标志,对其他层位不做考虑。

（1）直罗组油层组与延安组油层组分界。

直罗组与下伏延安组不整合关系明显。直罗组岩性主要表现为灰绿色、浅灰绿色泥岩与灰色、浅灰色细砂岩不等厚互层,整体上泥岩较为发育,其灰绿色泥岩与延安组灰白色砂、泥岩的互层比较容易区分,下部有一套厚层砂岩与延安组地层接触,分层界线明显。直罗组底部为中粗粒长石砂岩、含砾砂岩,习惯上称为七里镇砂岩,其自然电位曲线呈箱状负异常,其底为延安组顶界。

(2)延安组油层组与富县组油层组分界。

延安组自上而下可划分为4个岩性段和10个油层组,分别为延1~延10,其沉积旋回属于泥顶砂底的正旋回。延9油层组的上部岩性为深灰、灰绿色泥岩、粉砂岩和页岩夹泥质粉砂岩薄层,厚度一般在15~40 m之间。从延安组整体来看,该段的电阻相对较高,岩性较细。该段地层代表了延11(富县组)和延10填平补齐沉积后较大范围内的湖沼相沉积,因此一直被作为区域性辅助标志层,如图2-2所示。

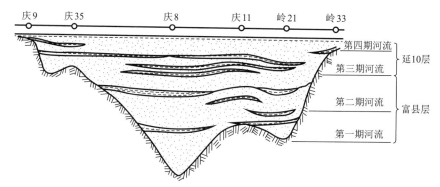

图2-2 鄂尔多斯盆地侏罗系下部河流发育期图

延安组底部以宝塔山砂岩为特征,富县组上部岩性为棕紫色、灰色、灰绿色泥岩,下部为灰白色砂岩、含砾砂岩,岩石粒度下粗上细。

(3)富县组油层组与长1(长2+3)油层组分界。

印支运动使三叠系顶形成沟壑纵横的丘陵地貌。长1顶部因剥蚀而残余厚度不同,有的长1已剥蚀殆尽,甚至长2+3、长4+5以上的地层均缺失。富县组(J₁f)分布局限,以南泥湾剖面为代表,下部为砾岩、砾状砂岩或含砾砂岩,上部为棕紫、棕褐色泥岩。两套地层往往发育不全,或下部砾岩段缺失,或上部杂色泥岩段被剥蚀,该层段岩性与上下地层之间易于区别。该层段的电测曲线特征为:杂色泥岩段为典型井径扩径;砾岩段自然电位呈箱状特征,自然伽马较下部(延长组)的砂岩段更低,易于区别。与上部砂岩段(延10)相比,该层段电阻率偏高,自然伽马值偏低。该层段是鄂尔多斯盆地中生界地层划分的辅助标志层之一[112]。

(4)侏罗系延安组与长1油层组分界。

宝塔山砂岩为全区地层对比的明显标志层,该层在侏罗系延安组地层中为一分布稳定的砂体,电性特征明显,较易识别。

值得指出的是,延安组与长1油层组的界线在鄂尔多斯盆地缺乏明确的标志层,划分主要依靠界线上下地层岩性的变化。产生这种情况的原因是长1顶面(即三叠系顶面)为一不整合面,其上下地层岩性多存在较明显差异。一般来说,侏罗系砂岩以石英砂岩为主,泥质含量少,砂岩胶结疏松且相对较粗,电性上较为突出,电测曲线幅度较大,以明显的低自然伽马和自然电位为特征,且明显低于延长组砂岩的自然伽马和自然电位;而三叠系延长组砂岩以长石砂岩为主,砂岩细且胶结致密,泥质含量较多,电测曲线幅度相对较小,且延长组砂岩中钙质致密夹层较多。另外,侏罗系砂岩的密度低于延长组砂岩。

若界线以上为侏罗系富县组泥岩,界线以下为长1油层组泥岩,则可通过泥岩颜色、生物碎屑等对油层组进行区别。这是由于富县组泥岩为干旱环境下的沉积物,而长1油层组泥岩为潮湿环境下的沉积物,较富县组泥岩来说含碳质较多,且含有较多的粉砂岩和砂岩夹层,岩性也比较致密[113]。因此,在电性特征上,长1泥岩集中段因富含碳质及煤层,具有一系列密集的梳齿状高阻尖子,自然伽马曲线呈锯齿状,电阻率整体较高,泥岩声波时差整体小于侏罗系。据此可对该界线进行较准确的确定。

(5) 长1油层组与长2油层组分界(K_9)。

目前对于长1油层组与长2油层组的分界还缺乏统一的认识。长庆油田于1984年在安塞地区以K_9标志层作为长1与长2油层组的分界线,其岩性为炭质泥岩、煤线夹凝灰岩,电性特征表现为高声速、高伽马、低电阻率、尖刀状井径,在各井中的出现率为100%,位于距长1底界0~5 m处。原地矿部第三石油普查大队在1974年把长2油层组的顶界划为厚砂层的顶,理由并未述及。

此次研究将长1油层组与长2油层组的分界置于"大砂岩"顶部之上的高伽马、高阻泥岩顶,并将此泥岩称为K_9标志层。该标志层在鄂尔多斯盆地分布较广,是主要的区域对比标志层之一,由一套黑色泥岩、页岩、炭质泥岩和含凝灰质泥岩组成,电性特征表现为高声速、高伽马、自然电位偏正等,特别是其顶部有一层较纯的泥岩,使得自然伽马曲线呈剑状(图2-3)。该标志层泥岩、页岩的电阻率整体较高,但当凝灰质含量较高时,电阻率变低。另外,该界面是古地理环境突变的转折点,反映了基准面升降的突然变化,是一个良好的时间面。

在岩性特征与电测曲线上,长1油层组与长2油层组有较明显的鉴别特征。长1油层组是一套湿地沼泽相发育的煤系地层,以发育泥质岩与砂岩、粉砂岩互层的多个沉积韵律为特征;而长2油层组是以巨厚砂体为特征的辫状河沉积。在电性特征上,长1油层组因富含碳质及煤层,具有一系列密集的梳齿状高阻尖子,自然伽马曲线呈锯齿状;长2油层组则表现为自然电位偏负、呈箱状和自然伽马曲线的大段块状突起形态。

长2油层组是本区最重要的含油层系,主要为一套辫状河流相沉积,厚度为115~135 m,平均125 m。根据沉积旋回,在长2油层组内部又可分出长2^1、长2^2及长2^3三个亚油层组,其界线按沉积旋回、岩性和厚度综合考虑,通常置于下粗上细旋回,即泥岩顶(图2-3和图2-4)。

① 长2^1亚油层组。

长2^1亚油层组以灰白色厚层中—细粒长石砂岩为主,夹有多层灰色粉砂岩、泥质粉砂岩、粉砂质泥岩及泥岩和页岩。砂岩成分主要为长石、石英,含有少量暗色矿物,磨圆及分选均为中等。该段在电性特征上表现为自然电位曲线呈箱状或指状负异常,异常幅度大,自然伽马曲线基本与自然电位曲线同形。

长2^1亚油层组与上部长1油层组之间以一套10 m左右的泥岩或泥岩夹粉砂岩为界,对应的电性特征为较高的自然伽马和相对较高的电阻率。该套泥岩分布稳定,是该区最稳定的标志层,处于长1底部。其下为长2^1亚油层组厚层块状灰白色长石砂岩,夹少量粉砂岩或泥质粉砂岩;自然伽马曲线呈低值,曲线呈箱状或微锯齿箱状,自然电位曲线也呈箱状负异常,视电阻率曲线呈齿状中高值。长 2^1 亚油层组在该区整体为一个下粗上细正旋回,部分区域可进一步分为上、下两个分流河道沉积旋回,地层厚度一般为 $36 \sim 50$ m,平均 42 m。该层储层发育,含油性好,是该区主要产油层。

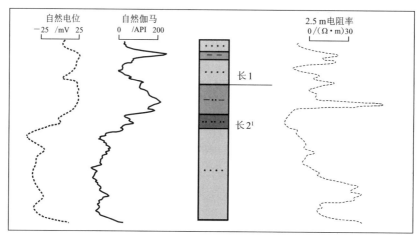

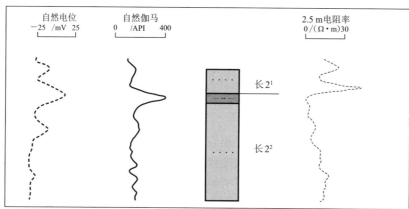

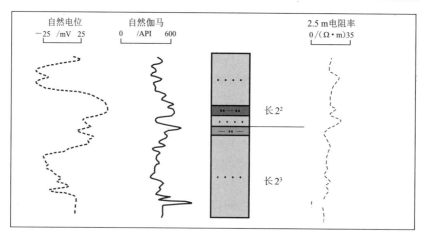

图 2-3　三叠系延长组长 2 油层组内部地层界线特征

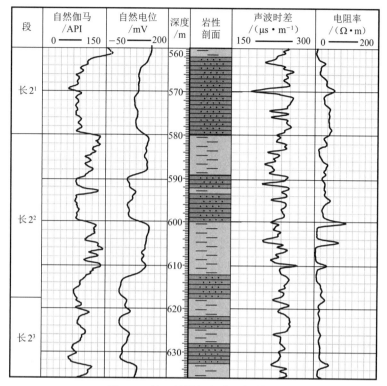

图 2-4　长 2 油层组细分电性特征

② 长 2^2 亚油层组。

长 2^2 亚油层组主要为灰白色厚层长石砂岩,夹少量粉砂岩及泥质粉砂岩,顶部有数米厚的粉砂岩或粉砂质泥岩。该段在电性上表现为自然电位曲线呈箱状或钟状负异常,自然伽马呈现低值。该亚油层组地层厚度一般为 34～50 m,平均 42 m。长 2^2 油层组在该区发育 1～2 个下粗上细的分流河道沉积旋回,地层厚度为 50～68 m。该层一般不含油,仅在个别井中有油气显示。

③ 长 2^3 亚油层组。

长 2^3 亚油层组顶部有一明显的泥岩段,电性以高自然电位、高自然伽马、高声波时差为特征。该泥岩段为黑灰色水平层理发育,在大部分井中存在,是一个很好的标志层。该亚油层组岩性主要为灰白色厚层长石砂岩,夹有浅灰色粉砂岩、泥质粉砂岩及粉砂质泥岩,泥质含量较长 2^2 高,砂岩磨圆度、分选度均较好。该亚油层组在电性上表现为自然电位曲线呈箱状或钟状负异常,异常幅度大,自然伽马曲线为齿状低值。该亚油层组地层厚度一般在 34～48 m,平均为 40 m。

(6) 长 2 油层组与长 3 油层组分界。

长 2 油层组与长 3 油层组均以发育块状砂岩为特征,二者之间并无明确的界线标志层,其划分主要考虑厚度、岩性和沉积旋回原则。一般来说,长 2 砂岩更发育,旋回性也比长 3 砂岩明显,厚度为 110～130 m,据此可以较准确地确定长 2 油层组与长 3 油层组的界线。另外,从 K_9、长 4+5 的"细脖子"地层可以推断出长 3 油层组的上下界线。

在岩性和电性上，长 2 油层组主要是由巨厚砂岩组成的辫状河沉积，砂体厚度最大可达 70～80 m，自然电位曲线呈箱状；而长 3 油层组泥质沉积有所增加，电测曲线主要表现为箱形或钟形组合。

（7）长 4＋5 油层组与长 6 油层组分界。

长 6 油层组为一套湖泊三角洲沉积，厚度比较接近，通常在 130 m 左右，其划分除了考虑沉积旋回等因素外，岩性时间标志在地层划分上也具有关键作用。研究表明，该油层组内部发育多个分布稳定、特征清晰的区域标志层。长 6 油层组底以 K_2 标志层与长 7 油层组为界，该标志层为一层斑脱岩或凝灰岩沉积，厚约 1 m，电性特征为高声速、高伽马、低电阻率、尖刀状井径，位于张家滩页岩（K_1 标志层）之上约 50 m 处；顶部以 K_7 标志层作为与长 4＋5 油层组的分界，岩性为泥岩与凝灰岩，电性特征与 K_2 标志层基本相同。

长 4＋5 油层组下部电测曲线可见 2 个相距约 20 m 的高阻尖峰。其中，下部尖峰为长 4＋5 与长 6^1 的分界线，厚度为 1～1.5 m；自然电位曲线接近泥岩基线或微偏正，自然伽马呈峰状高值；声波时差曲线呈中齿状，声波时差可达 275 μs·m；2.5 m 视电阻率曲线呈箭状高突，电阻率一般为 80～100 Ω·m，一般距长 6 顶界约 20 m。该油层在区内分布较稳定，是地层划分和对比的良好标志层，岩性解释为煤层或炭质泥岩（图 2-5）。

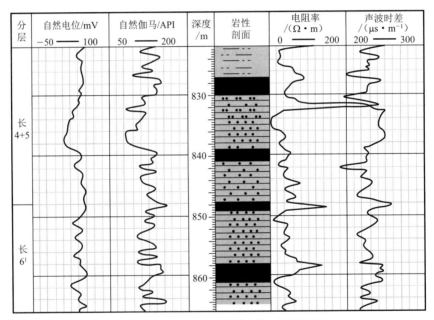

图 2-5 长 4＋5 地层界线岩性、电性特征

为了便于对比，研究中暂将长 4＋5 油层组自上而下分为长 $4＋5^1$ 和长 $4＋5^2$ 两部分。

① 长 $4＋5^2$ 亚油层组。

长 $4＋5^2$ 亚油层组为三角洲平原分流河道、决口扇及河漫沼泽相沉积，砂岩自然电位曲线呈典型箱状负异常特征，其下部为块状细砂岩，中部为砂泥岩互层，局部夹炭质泥岩薄层。含油砂岩受分流河道砂体控制，砂体呈北东—南西向展布，为区内主要含油层段之一，沉积厚度为 22～26 m。

② 长 4＋5^1 亚油层组。

长 4＋5^1 亚油层组为一套三角洲平原及曲流河沉积,在该区一般不含油,其岩性为砂泥岩互层夹薄煤层或煤线,砂岩厚度差异较大。其电性特征为泥岩段具高阻特征,砂岩自然电位曲线表现为负异常幅度低(或平直),即习惯所称的“细脖子”段,为区域辅助标志层,沉积厚度为 80～90 m。

长 6 油层组内部按标志层自上而下分为长 6^1、长 6^2、长 6^3、长 6^4 4 个亚油层组。K$_3$ 标志层位于长 6^2 底部,其岩性与 K$_1$ 标志层相同。

① 长 6^1 亚油层组与长 6^2 亚油层组分界(S$_4$ 标志层)。

长 6^1 亚油层组与长 6^2 亚油层组的分界由长 6^2 亚油层组顶部一层不太稳定的斑脱岩组成,横向过渡为泥岩或粉砂质泥岩分界。其电性特征为:高伽马,自然电位曲线为泥岩基线,电阻率为中—低值。油层组分界放在标志层顶部或上砂岩的底部。

② 长 6^2 亚油层组与长 6^3 亚油层组分界(S$_3$ 标志层)。

长 6^2 亚油层组与长 6^3 亚油层组的分界是以长 6^3 亚油层组顶部一套薄的斑脱岩(一般为一层)为标志层,该套斑脱岩横向上有时过渡为泥岩与粉砂质泥岩,厚度为 1～2 m,分布稳定,钻遇率约 98％。其电性特征为:测井曲线上显示为明显的高自然伽马值,自然电位曲线为泥岩基线,电阻率为中—低值,声速曲线呈高尖单峰。油层组分界放在标志层顶部。

③ 长 6^3 亚油层组与长 6^4 亚油层组分界(S$_2$ 标志层)。

长 6^3 亚油层组与长 6^4 亚油层组的分界是以长 6^4 亚油层组上部分布的两套薄的斑脱岩为标志层,二者相距 4～6 m。上层斑脱岩是长 6^3 亚油层组与长 6^4 亚油层组的分界线,电性特征为高伽马值,声波时差曲线呈高的尖峰状,声速尖峰常成对出现,二者相距 1.5～2.0 m,电阻率为中—低值,自然电位曲线接近泥岩基线。油层组分界放在标志层顶部(图 2-6)。

(8) 长 6 油层组与长 7 油层组分界(K$_2$ 标志层)。

长 7 油层组主要以深灰色的湖相泥质岩为主,砂层厚度很少超过 5～7 m。该油层组中部发育有一层区域上分布稳定、厚度为 8～10 m 的黑色页岩(张家滩页岩),其特征最为明显。长 7 油层组在自然电位曲线上以扁平的平直线段为特征,比较容易辨别。

2.1.2　裂缝性特低渗油藏沉积微相

1. 裂缝性特低渗油藏区域沉积背景

大华北克拉通盆地(地块)的基底在太古代中晚期就已固结,此后长期稳定升降。三叠纪初期,大华北克拉通地块开始解体,只有鄂尔多斯地块仍然保持着稳定升降的构造态势[114]。三叠系上统延长组沉积时期,鄂尔多斯地块整体沉降缓慢,形成了一个巨大的淡水-半咸水内陆湖盆。由于其沉降震荡幅度较小、分割性较弱、构造地貌相对平缓、湖盆四周的古陆补给物源充沛以及物源区相对较近等特点,形成了盆地内延长组所特有的结构成熟度高、成分成熟度低的长石砂岩。受祁连—秦岭构造带的影响,湖盆形成了北部、东北部、东部略高,西南部较低的宽缓箕状格局[115-118];湖盆西南部,由于沉降相对较大,形成了由粗碎屑岩组成的冲积扇和扇三角洲沉积。在盆地北部、东部和东南部,围绕湖盆边缘依次发育有靖边—吴旗—志丹、安塞、延长—延安和黄陵—直罗等规模巨大的内陆湖泊三角洲。研究区位

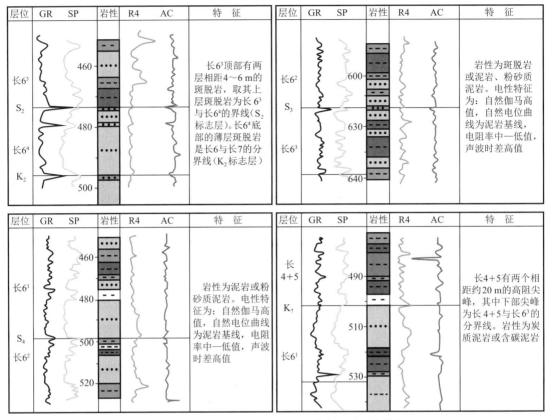

图 2-6　三叠系延长组长 6 油层组内部地层界线特征

于延长—延安三角洲，三角洲沉积体从湖盆边缘向湖盆内部延伸，平面形态呈朵状或鸟足状。单个三角洲沉积体覆盖面积最大可达数千平方千米，三角洲间被相对较深的湖湾分隔，构成砂、泥相间分布的半环状三角洲群。

前人研究成果表明，晚古生代鄂尔多斯地区北侧曾长期受造山运动的影响。海西早期运动之后，鄂尔多斯地区的地势总体呈现北高南低的特点，而后由于海西运动的影响，北部古生代造山带急剧上升，导致地台北缘与内部之间地貌差异增大。这种地质背景一方面给晚古生代盆地陆海交互体系沉积提供了丰富的陆缘碎屑，同时对后期三叠纪岩相古地理有很大的影响。三叠系特别是延长组的沉积背景与盆地演化和河流三角洲的发育有着密切的关系。由于在晚古生代后形成的湖盆基底南低北高，加之北缘造山带活动强烈，所以湖盆北部和北部斜坡带有充分的陆屑供给，因此在三叠纪接受了一套湖相为主并由河控三角洲组成的泥岩和砂岩韵律互层。

在三叠纪末期，由于印支运动的影响，盆地整体抬升，延长组顶部沉积地层遭受不同程度的剥蚀，古地貌河谷纵横，起伏很大。北部油区内普遍缺失长 1 和长 2^1 中部或长 2^1 上部地层，局部长 2^1 地层全部被剥蚀，侏罗系富县组地层未接受沉积而缺失。延安组地层从延 10 的不同期次开始接受沉积，地层在高部位沉积不全，低部位沉积较厚，呈现填平补齐的特点，与下伏三叠系延长组地层呈不整合接触，这对于油气运移聚集具有特别重要的意义[119]。

1）三叠系延长组

前人将三叠系延长组自下而上划分为 5 段，即长石砂岩带（T_3y_1）、油页岩带（T_3y_2）、含油带（T_3y_3）、块状砂岩带（T_3y_4）和瓦窑堡煤系（T_3y_5），再根据其岩性、电性及含油性的差异，将 5 个岩性段又进一步划分为 10 个油层组（自上而下为长 1～长 10），见表 2-1。延长组总体厚度为 1 000～1 300 m，为一个完整的水进水退旋回。

第一段（T_3y_1）：长石砂岩带，相当于长 10 油层组，主要为一套灰绿色、肉红色的长石砂岩夹暗紫色砂质泥岩、泥质粉砂岩和粉砂岩。砂岩中长石含量高（通常在 40％以上），富含浊沸石和方解石胶结物，并常因胶结物分布不均而呈斑点状；砂体形态多呈透镜状河道砂岩，大型的槽状及板状交错层理发育，基底冲刷面起伏明显；泥岩中含植物化石。该段地层自北向南粒度逐渐变细，地层厚度由薄变厚，地层厚度比较稳定，一般为 250～350 m。电性特征十分清楚，视电阻率曲线一般反映为指状高阻，自然电位曲线为大段偏负夹薄层偏正或为齿状正负相间。孢粉中以孢子含量占绝对优势，达 60％～70％。在陇东地区常见含油显示，因此该段地层在马家滩油田为主要采油层之一。

第二段（T_3y_2）：油页岩带，包括长 9 和长 8 油层组，为深灰色、灰黑色泥岩夹粉细砂岩或两者的薄互层。砂岩粒度一般下细上粗，下部泥质含量高，以泥岩为主，划分为长 9 油层组，而上部以砂岩为主，划分为长 8 油层组。长 9 油层组是一套广泛湖侵背景下形成的产物，在长 9 油层组的上部，除盆地边缘外，湖盆南部广泛发育黑色页岩和油页岩，习惯上称为李家畔页岩，厚约 20～40 m。这套页岩在盆地内分布稳定，常表现为高自然伽马、高电阻率，是井下地层对比的重要标志。长 8 油层组主要为湖退背景下的三角洲沉积，是马家滩油田的主要产层，为陇东及灵盐地区重要的产油层。在盆地东部佳芦河以北到窟野河地区，中段油页岩分布稳定；在盆地北部及南部周边地区，黑页岩或油页岩相变为砂质页岩、泥质粉砂岩，高电阻层消失，盆地北部厚 100 m，南部厚 200 m 左右，为马家滩油田的主要产层，在陇东地区普遍含油，为重要的生油层之一。长 9 油层组的下部开始出现高绿帘石和高楣石重矿物组合，长 8 油层组出现含喷发岩碎屑的高石榴石重矿物组合，两者特征明显而突出，是区域性地层对比的主要依据之一。

第三段（T_3y_3）：含油带，包括长 7、长 6 和长 4＋5 油层组，岩性为深灰色、灰黑色泥页岩与灰色、灰绿色粉砂岩、细砂岩互层。长 7 油层组主要以泥页岩为主，在陇东地区长 7 油层组深湖相油页岩中夹砂质浊积岩且含油，这套地层是延长组湖盆发育鼎盛时期形成的重要生油岩，俗称张家滩页岩，在湖盆广大地区均有分布，在井下表现为明显的高自然伽马、高电阻率、高声波时差等特点。长 6 油层组主要为一套灰绿色中细粒砂岩沉积，在盆地北部、东北部发育三角洲沉积，是延长组主要的储油层段，自然电位曲线从下向上呈现出倒三角形偏负的特征。长 4＋5 油层组总体上由泥岩、粉砂岩组成，俗称"细脖子"段。该段总体厚 300 m 左右。

第四段（T_3y_4）：块状砂岩带，包括长 3 和长 2 油层组，总体岩性为灰绿色中-细砂岩夹灰色、深灰色泥页岩，其中砂岩呈巨厚块状，具有大型交错层理，以泥质和钙质胶结为主。长 3 油层组砂岩中泥岩夹层多且厚，自然电位曲线呈指状，视电阻率曲线呈齿状。长 2 油层组主要由厚层状、块状大套砂岩组成，泥岩夹层小且薄，自然电位曲线以箱状为主，视电阻率曲线呈锯齿状。该段厚度在 150～200 m 之间。

第五段（T_3y_5）：瓦窑堡煤系，相当于长 1 油层组，在盆地东部及东南部保存最全，岩性为深灰色泥、页岩夹煤层。该段泥岩碳化现象较严重，常见炭质页岩和煤线，植物化石碎片集中。盆地东北部的泥岩因含凝灰岩一般表现为低电阻、特低电阻的特征，是长 2 油层组的区域性盖层。该段顶部因受印支期侵蚀，厚度变化较大。

鄂尔多斯盆地晚三叠世湖盆的沉积演化经历了早期的初始沉降，到加速扩张和最大扩张，再到萎缩，最后湖盆消亡，完成了湖盆从发生、发展以至消亡的沉积演化过程。

2）侏罗系延安组

由于沉积期后的剥蚀，各地保存的延安组油层组数不同。前人将侏罗系延安组自下而上划分为中 5 段 11 个油层组，其中延 10、延 9 为主要油层组。

（1）延 10 油层组。

延 10 油层组是在富县组沉积的基础上对前侏罗纪古地貌填平补齐的继续，岩性为一套灰白色巨厚块状中、粗粒次岩屑长石砂岩和次长石岩屑砂岩，上部含透镜状泥岩。砂岩粒度自下而上由粗变细，下部为含砾粗砂岩，上部为浅灰色细砂岩、中砂岩夹灰黑色泥岩以及灰色泥质粉砂岩，顶部由于河流的萎缩及频繁的摆动，顶变带（顶部岩性横向变化带）发育比较普遍，顶变带内的砂岩体是该区重要的含油层。

（2）延 9 油层组。

延 9 油层组岩性为深灰色、灰黑色泥岩，粉砂质泥岩与灰白色细中砂岩的不等厚互层，偶夹薄煤层与煤线。部分井的延 9 油层组底部发育厚层砂岩，向上变细，构成正旋回；另一部分测井曲线显示为反旋回特征，砂泥岩呈互层状，向上砂岩增多。部分井的延 9 油层组发育两个正旋回。砂岩平面分布呈带状，横剖面为透镜状，为该区的局部含油层，沉积厚度为 17.5～42.5 m，一般厚 20～30 m。

（3）延 8 油层组。

延 8 油层组岩性为灰色、灰黑色泥岩，炭质泥岩和浅灰色细砂岩，夹薄煤层，可见到两个沉积旋回，一般以下旋回为主。部分井的测井曲线为砂泥岩互层，构成一个正旋回，砂岩发育不稳定，变化较大。该油层组沉积厚度为 24.0～43.5 m，一般厚 25～35 m。

（4）延 7 油层组。

延 7 油层组岩性以深灰色泥岩、粉砂质泥岩为主，夹炭质泥岩及煤线，其次为灰色粉砂岩，下部为灰白色细—中砂岩，构成一个复合沉积旋回。该组内砂岩发育不稳定且泥质含量高，岩性致密。电性特征表现为自然电位曲线幅度异常低，视电阻率曲线呈锯齿状，底部砂岩具高阻特征，可作为地区性对比标志。该油层组沉积厚度为 26.0～39.5 m，一般厚 35 m。

（5）延 6 油层组。

延 6 油层组岩性为深灰色、灰黑色泥岩，炭质泥岩和灰白色厚层状细—中砂岩。该段地层由一个正旋回组成，其底部为一厚层块状砂岩。其电性特征表现为：视电阻率曲线为明显的高阻带，可作为对比标志，自然伽马表现为高值，砂岩自然电位曲线为箱状负异常。研究区部分区域保存不全，沉积保留厚度为 13～51 m。

2. 裂缝性特低渗油藏沉积环境及沉积微相

根据主力油层研究对象的不同,对延 9、长 2 和长 6 油层组在各采油厂的沉积环境及沉积微相分别进行分析,最终得到延 9、长 2、长 6 油层组的沉积微相,见表 2-2。由表 2-2可知,延 9 油层组主要为曲流河三角洲平原沉积,包括分流河道、河漫沼泽、决口扇、天然堤等微相。长 2 油层组在大多数采油厂主要为三角洲平原沉积亚相,其中部分为曲流河亚相,部分为辫状河亚相,沉积微相以分流河道为主,其次为河流间微相;长 2 油层组在少数采油厂发育有三角洲前缘沉积亚相,或以三角洲前缘为主,或由三角洲前缘随湖退过渡至三角洲平原,三角洲前缘亚相以水下分流河道为主。长 6 油层组在大多数采油厂主要为三角洲前缘沉积,沉积微相以水下分流河道为主,并发育有分流间湾、河口坝席状砂等微相;在少数采油厂发育有曲流河三角洲平原亚相,或同时发育三角洲前缘和三角洲平原亚相,三角洲平原亚相以分流河道为主;在 PL 和 DB 等采油厂内部区块发育有(滨)浅湖沉积亚相。

2.1.3 裂缝性特低渗油藏储层特征

油藏储层特征及其物性变化特征是影响油田油气分布的主要因素之一,也是寻找油气富集有利区块和进行油田开发研究的一个重要基础。通过对延 9、长 2、长 6 储层特征进行分析,得到储层特征总结表(表 2-3~表 2-5)。

延 9 储层的孔隙度普遍较高,孔隙度在 $14\%\sim18\%$ 之间,渗透率约为 20×10^{-3} μm^2,甚至更高,孔喉直径较大,一般为中—大孔中喉道类型。长 2 储层的孔隙度次之,孔隙度在 $11\%\sim16\%$ 之间,渗透率为 $(1\sim15)\times10^{-3}$ μm^2,孔喉直径较小,一般为中—小孔细喉道类型。长 6 储层的孔隙度普遍较低,为低渗特低渗储层,孔隙度在 $8\%\sim11\%$ 之间,渗透率为 $(0.2\sim1.3)\times10^{-3}$ μm^2,孔喉直径小,一般为中—小孔细—微喉道类型。根据主力油层含油饱和度分析可知,长 6、延 9 储层的原始含油饱和度较高,而长 2 储层的原始含油饱和度较低,因此在后期注水开发中较高比重的原始地层水会对油井高含水和正常生产产生一定影响[120-122]。

2.1.4 裂缝性特低渗油藏储层地质分类

通过系统调研鄂尔多斯盆地 22 个采油厂的地质构造、沉积微相、小层划分以及储层岩石物性和流体物性资料,基于鄂尔多斯盆地的储层划分标准(表 2-6),得出的 3 个主力层系在每个采油厂的储层类型分布见表 2-7。

对 22 个采油厂的长 2、长 6 和延 9 储层的地质分类结果进行观察,发现对每个储层而言,不同采油厂的储层具有相似的性质,因此评价得出的结果可能为同一类别。也就是说,对于同一类别的采油厂而言,储层性质可以看作是相对一致的。长 2 储层主要可划分为Ⅱb、Ⅲa、Ⅲb 和Ⅳa 类型油藏;长 6 储层主要可划分为Ⅲb 和Ⅳa 类型油藏;延 9 储层主要可划分为Ⅱb 和Ⅲa 类型油藏。

表 2-2　延长油田主力油层沉积微相总结

	采油厂	延9			长2			长6		
		亚相	微相	物源方向	亚相	微相	物源方向	亚相	微相	物源方向
东部 1	QLC							三角洲平原	水下分流河道、分流河道间湾	北北东—南南西
2	GGY							三角洲平原（长6¹）、三角洲前缘（长6²，长6³，长6⁴）	分流河道、水下分流河道、河口砂坝	北东—南西
3	QHB				三角洲平原、辫状河河道	水上分流河道、天然堤、决口扇、河漫沼泽	北东—南西	三角洲平原、三角洲前缘	分流河道、水下分流河道、天然堤、决口扇、河道间洼地	北东—南西
4	ZC				三角洲平原	分流河道、分流河道间湾	北北东—南南西	三角洲平原、三角洲前缘（仅长6⁴）	河道及其泛滥、水下分流河道、分流河间湾、河道间洼地	北东—南西
5	ZB				三角洲平原	主河道、天然堤、决口扇、河间洼地	东北—西南	曲流河三角洲平原/前缘	水下分流河道、分流河间湾	北东—南西
6	CK							三角洲平原、三角洲前缘	分流河道、水下分流河道	北东—南西
7	PL				三角洲平原、辫状河河道	分流河道	北东—南西	滨浅湖、三角洲平原	滨浅湖相席状砂、滩坝、分流河道、分流河道间湾、河道漫滩	北东—南西
8	NNW							三角洲前缘	水下分流河道、分流河间湾	北东—南西

续表

采油厂			延9			长2			长6		
	序号	厂	亚相	微相	物源方向	亚相	微相	物源方向	亚相	微相	物源方向
东部	9	YW				三角洲平原	分流河道、天然堤、决口扇、泛滥平原	北东—南西	三角洲前缘	水下分流河道、分流间湾	北东—南西
	10	WJC				曲流河三角洲平原	分流河道、决口扇砂坝	北东—南西	三角洲前缘	水下分流河道	北东—南西
	11	HS							三角洲平原	分流河道、河道间湾	东北—西南
	12	ZZ				三角洲平原、辫状河河道	分流河道、天然堤、决口扇、河漫沼泽	东北—西南	三角洲平原	分流河道、河道间湾	北东—南西
	13	QPC	三角洲平原	水上分流河道、堤岸、河漫滩、沼泽	东南	曲流河三角洲平原	上部多为决口扇、河道间、河道间洼地	北东—南西			
	14	WYB				三角洲前缘	分流河道（北部）、河漫沼泽（南部）	北—南	曲流河平原、三角洲前缘	分流间洼地、水下分流河道、分流间湾	东北—西南
西部	1	XQ				三角洲前缘	水下分流河道侧翼、河道间湾	北东—南西	三角洲前缘	水下分流河道、分流间湾	北东—南西
	2	XCW	曲流河三角洲平原	边滩、心滩、河流边缘的天然堤、决口扇、河漫滩、沼泽	北东—南西	三角洲前缘	水下分流河道、分流间湾	北东—南西	三角洲前缘	水下分流河道、河口砂坝、河道间砂、席状砂、分流间湾	东北—西南或南部
	3	YN				三角洲前缘	分流河道、河口坝、分流间湾	北东—南西	三角洲前缘	水下分流河道、河口坝、河道侧翼、前缘席状砂、分流间湾	北东—南西、南西—西

续表

采油厂			延9			长2			长6		
	序号	名称	亚相	微相	物源方向	亚相	微相	物源方向	亚相	微相	物源方向
西部	4	WQ				早期三角洲平原和三角洲前缘（南部）、晚期三角洲平原	水上分流河道、决口扇、天然堤、水下分流河道、分流间湾	东北—南西	三角洲前缘	水下分流河道、河口坝、远砂坝、分流间湾	北东—西南
	5	ZL				三角洲前缘	水下天然堤、河口坝、远砂坝、分流间湾	北东—南西	三角洲前缘	水下分流河道	北东—西南
	6	XZC				三角洲平原、曲流河与交织河河	分流河道、天然堤、决口扇、河道间洼地-泛滥平原	北东—南西	三角洲前缘	分流间湾、河道叠置型河口坝	北东—西南
	7	DB	曲流河三角洲平原	分流河道、天然堤、决口扇、沼泽	北西—南东	三角洲平原	分流河道、天然堤、决口扇、分流间洼地沉积	北东—南西	三角洲前缘（主要）和浅湖	分流间湾、水下分流河道	北—南
	8	JB	曲流河三角洲平原	河道、河漫滩、天然堤、决口扇为主，天然堤、决口扇零星发育	北西—南东	三角洲平原、辫状河—曲流河河	河道、河漫滩	北东—南西	三角洲平原	以分流间湾沉积为主，少量分流河道沉积	北东—南西

表 2-3　延 9 储层特征

采油厂		渗透率 /(10⁻³μm²)	孔隙度/%	含油饱和度/%	中值压力 /MPa	孔喉均值 /μm	温度及压力	埋深/m	砂岩厚度 /m
西部	XQ	2.00~95.30, 32.39	5.4~17.9, 14.9	29.30~43.30	—	—	—	—	—
	XCW	24.68	14.5	31.20	—	—	58 ℃	—	—
	WQ	94.3（气测）	15.5	40.00	9.379	0.05~11.35	45.59~49.23 ℃, 9.678~9.852 MPa	1 570	—
	DB	74.36（气测）	16.6	49.41	0.225~4.421	0.17~3.327	59 ℃, 9.02~14.43 MPa	1 900	5~40
	JB	24.63（气测）	16.4	38.17	0.143~0.760	5.48~11.50	26~48 ℃, 8.31~11.00 MPa	875~1 594	—

注：表中"××~××,××"逗号前代表数值范围,逗号后代表平均值。

表 2-4　长 2 储层特征

采油厂		渗透率/(10⁻³ μm²)	孔隙度/%	含油饱和度/%	中值压力/MPa	孔喉均值/μm	温度及压力	埋深/m	砂岩厚度/m
东部	QHB	0.579~55.600（气测）	10.25~15.70	—	—	—	16~23℃，2.51~4.83 MPa	190~290	12
	ZC	1.12~19.23（气测）	9.63~14.60	—	0.310 5~3.490 0	0.21~2.37	25~40℃，2.34~6.83 MPa	200~800	6~12(西部4~6)
	ZB	28.40	13.3	—	1.14	2.40	—	500~700	单砂体6~30
	PL	15.00~25.00（气测）	14.0~16.0	—	0.25~26.47, 6.49	1.00~2.50	36℃, 5.5 MPa	600~700	10~30
	YW	0.10~47.25, 3.90	10.0~15.0, 11.6	35.60	3.78	0.32	17℃, 2.28 MPa	240~400	2.1~13.7
	HS	16.80	16.4	50.00	—	4.00~8.00	32.66℃, 2.25 MPa	753	9.2
	QPC	10.00~20.00, 11.80	12.8~13.9, 13.5	12.30~59.80,14.10	—	—	25℃, 2.341 MPa	—	—
	WYB	15.70（气测）	15.4	—	1.20~3.47	0.20~0.90	27.3~45.0℃, 4.35 MPa	860	—
西部	XQ	3.29~6.07	15.0~19.0, 16.6	51~58	—	—	41.16℃, 10.525 MPa	1 486	—
	XCW	0.86（气测）	14.8	26.8~45.93, 35.60	0.83~26.90	0.056~1.750	32℃, 3.04~6.00 MPa	670	10.7
	YN	1.04（气测）	11.4	—	1.08~30.68	1.20~9.00	35℃, 9.76~18.69 MPa	1 329	单层3~25
	WQ	1.16（气测）	11.9	48.47	9.379	0.05~11.35	58.30~65.64℃, 6.917~9.556 MPa	1 950	5.2
	ZL	0.86（气测）	15.5	—	0.65~7.93	—	31℃, 7.251 MPa	990	34.6, 油层9.7
	XZC	2.60（气测）	11.5	34.07~65.93	0.82~12.56	0.01~1.09	37.3~48.7℃, 8.30~9.60 MPa	958	30.61
	DB	0.02~193.09（气测）	0.02~33.14	50.11	1.06	0.170~3.327	59.7℃, 13.86~16.32 MPa	1 668~2 164	10~40
	JB	24.63（气测）	16.4	25.0~43.8	0.143~0.760	5.48~11.50	26~48℃, 8.31~11.00 MPa	875~1 594	0.143~0.760

注：表中"××～××,××"逗号前代表数值范围，逗号后代表平均值。

表 2-5　长 6 储层特征

采油厂		渗透率/(10⁻³ μm²)	孔隙度/%	含油饱和度/%	中值压力/MPa	孔喉均值/μm	温度及压力	埋深/m	砂岩厚度/m
	QLC	0.01~9.93, 1.03	2.10~15.20, 8.72	53	1.72~23.47	0.03~0.86	—	200~850	17~23
	GGY	0.41~1.29 (气测)	8.2~12.4	40~54, 52	1.761~8.399	0.154~0.853	22.0~29.0 ℃, 4.8~5.8 MPa	221~560	地层 130
	QHB	0.60~1.20 (气测)	8.0~10.0	—	2.70	0.31	22.70~38.61 ℃	440~590	12
	ZC	1.12~19.23 (气测)	9.63~14.60	—	0.434~27.746	0.027~1.695	25.0~40.0 ℃, 2.34~6.83 MPa	200.0~ 1 041.6	—
	ZB	0.93(气测)	10.6	—	0.65~7.93	0.10~0.30	32.0 ℃, 4.3~5.8 MPa	650	23.9
	CK	0.40~2.00 (气测)	9.0~13.0	—	2.49~9.10	0.20~1.00	31.26 ℃, 6.72 MPa	500~850	10~30
东部	PL	0.10~0.50, 0.45	7.0~12.0, 8.9	30~65	0.68~9.10	0.15~1.77	44.1 ℃, 6.6 MPa	800~900	4~15
	NNW	0.214~3.050 (气测)	8.5~11.5	—	6.33	0.04~4.00	24.3~29.6 ℃	500~800	26.3
	YW	0.20~2.00	5.0~15.0	—	—	0.20~2.00	—	—	30
	WJC	0.45~0.93 (气测)	8.6~11.3	—	2.49~6.16	0.22~0.52	30.1 ℃, 2.63~4.95 MPa	225~750	14
	HS	0.10~4.68, 0.81	2.00~15.50, 11.21	—	2.49~6.16	0.22~0.52	32.0 ℃, 4.2~5.8 MPa	730~1 040	—
	ZZ	2.08(气测)	9.9	—	2.49~6.16	0.22~0.52	32.0 ℃, 4.2~5.8 MPa	560	8~20
	WYB	5.57(气测)	10.6	—	1.20~3.47	0.20~0.90	27.3~45.0 ℃, 4.35 MPa	1 008.9	—

续表

采油厂		渗透率/(10⁻³ μm²)	孔隙度/%	含油饱和度/%	中值压力/MPa	孔喉均值/μm	温度及压力	埋深/m	砂岩厚度/m
西部	XQ	0.01～12.43, 0.95	3.0～16.0, 8.9	—	—	16.00～20.00	—	—	—
	XCW	1.35	9.7	43.3	—	—	7.2 MPa	805	12.80
	YN	1.04（气测）	11.4	47.1～68.0, 59.2	1.08～30.68	1.20～9.00	35.0 ℃, 9.76～18.69 MPa	1 329	50.70,地层 130.00
	WQ	1.16（气测）	11.9	—	9.379	0.05～11.35	58.3～65.64 ℃, 6.917～9.556 MPa	1 950	—
	ZL	0.10～17.50, 0.20	6.0～23.12, 8.60	—	30.54	0.020～0.330, 0.055	—	—	22.44
	XZC	2.60（气测）	11.5	57.1	0.82～12.56	0.01～1.09	37.3～48.7 ℃, 8.3～9.6 MPa	958	41.50
	DB	0.02～1.91 （气测）	2.97～16.52	54.86	5.375	11.00～13.70	74.0 ℃, 9.76～18.69 MPa	1 931～2 495	9.38
	JB	24.63（气测）	16.4	—	0.143～0.760	5.48～11.50	26.0～48.0 ℃, 8.31～11.00 MPa	875～1 594	40.00

注：表中"××～××,××"逗号前代表数值范围,逗号后代表平均值。

表 2-6　鄂尔多斯盆地中生界砂岩储层分类评价标准

类　型	中高渗透层（Ⅰ类）	低渗透层（Ⅱ类）		特低渗透层（Ⅲ类）		超低渗透层（Ⅳ类）		致密层（Ⅴ类）
亚类		Ⅱa	Ⅱb	Ⅲa	Ⅲb	Ⅳa	Ⅳb	
渗透率 /($10^{-3}\mu m^2$)	>100	100~50	50~10	10~5	5~1	1~0.2	0.2~0.1	<0.1
孔隙度 /%	>20	20~17	17~15	15~14	14~11	11~8	8~7	<7
排驱压力 /MPa	<0.03	0.03~0.04	0.04~0.11	0.11~0.16	0.16~0.37	0.37~0.90	0.90~1.31	>1.31
中值压力 /MPa	<0.19	0.19~0.27	0.27~0.68	0.68~1.00	1.00~2.49	2.49~6.16	6.16~9.10	>9.10
最大孔喉半径/μm	>24.76	24.76~16.96	16.96~7.05	7.05~4.83	4.83~2.01	2.01~0.83	0.83~0.57	<0.57
中值半径 /μm	>4.04	4.04~2.73	2.73~1.10	1.10~0.75	0.75~0.30	0.30~0.12	0.12~0.08	<0.08
孔喉均值 /μm	>6.06	6.06~4.18	4.18~1.77	1.77~1.22	1.22~0.52	0.52~0.22	0.22~0.15	<0.15
孔喉组合	大孔粗喉	中—大孔粗喉	中孔粗喉	中孔中—细喉	小孔中—细喉	小孔细喉	细孔细—微喉	细—微孔细—微喉

表 2-7　鄂尔多斯盆地 22 个采油厂储层地质分类结果

采油厂	长 2		长 6		延 9	
	涵盖油藏类型	主要油藏类型	涵盖油藏类型	主要油藏类型	涵盖油藏类型	主要油藏类型
QLC	—	—	Ⅲb,Ⅳa,Ⅳb	Ⅳa	—	—
GGY	—	—	Ⅲb,Ⅳa,Ⅳb	Ⅳa	—	—
QHB	Ⅲa,Ⅲb	Ⅲa	Ⅳa	Ⅳa	—	—
ZC	Ⅱb,Ⅲa,Ⅲb	Ⅲb	Ⅳa	Ⅳa	—	—
ZB	Ⅱb,Ⅲa,Ⅲb	Ⅱb	Ⅳa	Ⅳa	—	—
CK	—	—	Ⅳa	Ⅳa	—	—
PL	Ⅲa,Ⅲb	Ⅱb	Ⅳa,Ⅳb	Ⅳa	—	—
NNW	—	—	Ⅳa	Ⅳa	—	—
YW	Ⅲb	Ⅲb	Ⅲa,Ⅲb,Ⅳa,Ⅳb	Ⅲb,Ⅳa	—	—
WJC	—	—	Ⅳa	Ⅳa	—	—
HS	Ⅱb	Ⅱb	Ⅲb,Ⅳa	Ⅳa	—	—
ZZ	—	—	Ⅲb,Ⅳa	Ⅳa	—	—
QPC	Ⅱb	Ⅱb	—	—	—	—
WYB	Ⅱb,Ⅲa,Ⅲb	Ⅲb	Ⅲb,Ⅳa	Ⅳa	—	—
XQ	Ⅱb,Ⅲa,Ⅲb	Ⅲa	Ⅳa	Ⅳa	Ⅱb,Ⅲa	Ⅱb
XCW	Ⅱb,Ⅲa	Ⅲa	Ⅲb,Ⅳa	Ⅳa	Ⅱb,Ⅲa	Ⅱb,Ⅲa

采油厂	长 2		长 6		延 9	
	涵盖油藏类型	主要油藏类型	涵盖油藏类型	主要油藏类型	涵盖油藏类型	主要油藏类型
YN	Ⅱb,Ⅲa	Ⅲa	Ⅲb,Ⅳa	Ⅲb	—	—
WQ	Ⅱb,Ⅲa,Ⅲb	Ⅱb	Ⅲb,Ⅳa	Ⅳa	Ⅱb,Ⅲa,Ⅲb	Ⅱb
ZL	Ⅲb,Ⅳa	Ⅲb	Ⅳa	Ⅳa	—	—
XZC	Ⅱb,Ⅲa	Ⅲa	Ⅲb,Ⅳa	Ⅳa	—	—
DB	Ⅲb,Ⅳa	Ⅳa	Ⅳa	Ⅳa	Ⅱb,Ⅲa	Ⅱb
JB	Ⅱb,Ⅲa,Ⅲb	Ⅱb	Ⅲa,Ⅲb,Ⅳa	Ⅲb	Ⅱa,Ⅱb,Ⅲa	Ⅱb

2.2 裂缝性特低渗油藏渗流规律

2.2.1 裂缝性特低渗油藏相渗实验分析

实验利用非稳态法中的恒压法测定油水相对渗透率,参考 SY/T 5345—1999 标准进行实验。实验流程如图 2-7 所示。

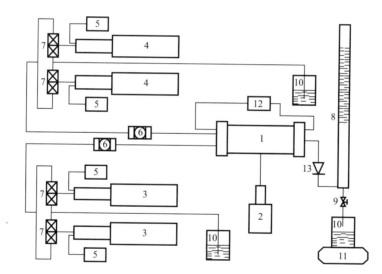

图 2-7　实验流程图

1—岩心夹持器;2—围压泵;3—水泵;4—油泵;5—压力传感器;6—过滤器;7—三通阀;
8—油水分离器;9—两通阀;10—烧杯;11—天平;12—压差传感器;13—回压阀

1. WYB 东部长 2 油层组

WYB 东部长 2 油层组实验岩心基础数据见表 2-8。

表 2-8　实验岩心基础数据

岩心号	孔隙度/%	渗透率/($10^{-3}\mu m^2$)	实验压力/MPa	围压/MPa
WYB-9	14.2	15.75	0(出口端)	3.5

对实验数据进行处理,得到相渗曲线如图 2-8
所示(图中 S_w 为含水饱和度,K_{ro} 和 K_{rw} 分别为油
相相对渗透率和水相相对渗透率)。由相渗曲线可
知:

(1)油水两相渗流特征均反映为低渗透储层特
有的渗流规律,即共存水饱和度高,原始含油饱
和度低;两相流动范围窄;残余油饱和度高;油相渗透
率下降快,水相渗透率上升慢,最终值低[123-126]。该
油层束缚水饱和度为 35%,束缚水饱和度条件下的
油相相对渗透率为 0.60;等渗点饱和度为 56%,等
渗点相对渗透率为 0.09;残余油饱和度为 28%,最
终水相相对渗透率为 0.22。

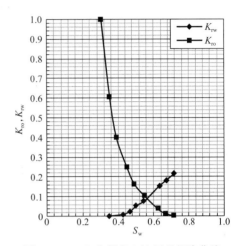

图 2-8　WYB 东部长 2 油层组相渗曲线

(2)油水两相等渗点处 $S_w=56\%>50\%$,说明该储层属于亲水性储层。

2. XZC 西部长 2 油层组

XZC 西部长 2 油层组实验岩心基础数据见表 2-9。

表 2-9　实验岩心基础数据

岩心号	孔隙度/%	渗透率/($10^{-3}\mu m^2$)	实验压力/MPa	围压/MPa
XZC-9	11.5	1.39	0(出口端)	3.5

对实验数据进行处理,得到相渗曲线如图 2-9
所示。由相渗曲线可知:

(1)油水两相渗流特征均反映为低渗透储层
特有的渗流规律,即共存水饱和度高,原始含油饱
和度低;两相流动范围窄;残余油饱和度高;油相渗
透率下降快,水相渗透率上升慢,最终值较低。该
油层束缚水饱和度为 41%,束缚水饱和度条件下的
油相相对渗透率为 0.97;等渗点饱和度为 59%,等
渗点相对渗透率为 0.11;残余油饱和度为 31%,最
终水相相对渗透率为 0.30。

(2)油水两相等渗点处 $S_w=59\%>50\%$,说明
该储层属于亲水性储层。

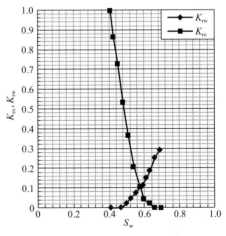

图 2-9　XZC 西部长 2 油层组相渗曲线

3. GGY 东部长 6 油层组

GGY 东部长 6 油层组实验岩心基础数据见表 2-10。

表 2-10   实验岩心基础数据

岩心号	孔隙度/%	渗透率/($10^{-3}\mu m^2$)	实验压力/MPa	围压/MPa
GGY-7	10.6	0.65	0(出口端)	3.5

对实验数据进行处理,得到相渗曲线如图 2-10 所示。由相渗曲线可知:

（1）油水两相渗流特征均反映为低渗透储层特有的渗流规律,即共存水饱和度高,原始含油饱和度低;两相流动范围窄;残余油饱和度高;油相渗透率下降快,水相渗透率上升慢,最终值较低。该油层束缚水饱和度为 38%,束缚水饱和度条件下的油相相对渗透率为 0.96;等渗点饱和度为 52%,等渗点相对渗透率为 0.09;残余油饱和度为 28%,最终水相相对渗透率为 0.37。

（2）油水两相等渗点处 $S_w = 52\% > 50\%$,说明该储层属于亲水性储层。

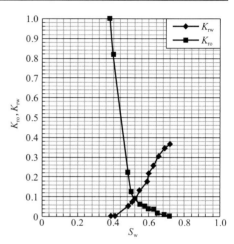

图 2-10   GGY 东部长 6 油层组相渗曲线

4. YN 西部长 6 油层组

YN 西部长 6 油层组实验岩心基础数据见表 2-11。

表 2-11   实验岩心基础数据

岩心号	孔隙度/%	渗透率/($10^{-3}\mu m^2$)	实验压力/MPa	围压/MPa
YN-7	9.75	0.83	0(出口端)	3.5

对实验数据进行处理,得到相渗曲线如图 2-11 所示。由相渗曲线可知:

（1）油水两相渗流特征均反映为低渗透储层特有的渗流规律,即共存水饱和度高,原始含油饱和度低;两相流动范围窄;残余油饱和度高;油相渗透率下降快,水相渗透率上升慢,最终值较低。该油层束缚水饱和度为 27%,束缚水饱和度条件下的油相相对渗透率为 0.95;等渗点饱和度为 53%,等渗点相对渗透率为 0.10;残余油饱和度为 33%,最终水相相对渗透率为 0.32。

（2）油水两相等渗点处 $S_w = 53\% > 50\%$,说明

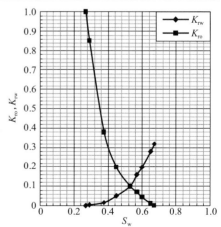

图 2-11   YN 西部长 6 油层组相渗曲线

该储层属于亲水性储层。

5. DB 延 9 油层组

DB 延 9 油层组实验岩心基础数据见表 2-12。

表 2-12　实验岩心基础数据

岩心号	孔隙度/%	渗透率/($10^{-3}\mu m^2$)	实验压力/MPa	围压/MPa
DB-9	16.75	43.58	0(出口端)	3.5

对实验数据进行处理,得到相渗曲线如图 2-12 所示。由相渗曲线可知:

(1)油水两相渗流特征均反映为低渗透储层特有的渗流规律,即共存水饱和度高,原始含油饱和度低;两相流动范围窄;残余油饱和度高;油相渗透率下降快,水相渗透率上升慢,最终值较低。该油层束缚水饱和度为 46.5%,束缚水饱和度条件下的油相相对渗透率为 0.97;等渗点饱和度为 63%,等渗点相对渗透率为 0.16;残余油饱和度为 26%,最终水相相对渗透率为 0.25。

(2)油水两相等渗点处 $S_w=63\% > 50\%$,说明该储层属于亲水性储层。

通过对鄂尔多斯盆地主力油层不同区域相渗曲线的分析,得到分析结果见表 2-13。

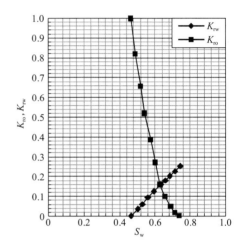

图 2-12　DB 延 9 油层组相渗曲线

表 2-13　延长主力油层 5 个具体试验区的相渗曲线分析

储　层	WYB 东部长 2	XZC 西部长 2	GGY 东部长 6	YN 西部长 6	DB 延 9
束缚水饱和度/%	35	41	38	27	46.5
等渗点饱和度/%	56	59	52	53	63
残余油饱和度/%	28	31	28	33	26

从表中可以看出,等渗点饱和度均超过 50%,束缚水饱和度较高,表明主力储层均为亲水性储层,其中延安组的亲水性强于延长组,说明主力油层均适合注水开发[127-129]。

2.2.2　裂缝性特低渗油藏启动压力梯度

由于低渗透岩心的特殊性质,岩心内液体受毛管力以及固液界面作用力的制约,当驱动压力较小时,液体不发生流动,只有当驱动压力增加到一定值时,岩心内的流体才开始流动[130]。如果岩心内为不可压缩流体,且岩心中的液体流动为连续流动,当液体开始移动时,岩心出口端可以观测到有色液体在移动,此时的压力就是岩心内液体连续流动的最小启动压力。

岩心抽空饱和地层水,用油驱替至束缚水状态,然后用水驱替,采用非稳态驱替毛细管计量法测定不同渗透率下取心岩心的最小启动压力,计算水驱油所需要的最小启动压力梯度[131-133]。测量示意图如图 2-13 所示。

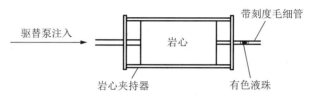

图 2-13　岩心出口端毛细管测量示意图

选取不同渗透率的岩心进行束缚水饱和度下油相启动压力实验研究,测试结果见表 2-14、图 2-14 和图 2-15。

表 2-14　不同渗透率岩心束缚水饱和度下油相启动压力实验

岩心号	油相渗透率 /$(10^{-3}\mu m^2)$	气测渗透率 /$(10^{-3}\mu m^2)$	束缚水 饱和度	岩心长度 /cm	出液压差 /MPa	启动压力 /MPa	最小启动压力梯度 /(MPa·cm^{-1})
1	0.039 0	0.305	0.468 80	5.666	0.412 0	0.244 5	0.043 1
2	0.140 7	0.556	0.467 18	4.516	0.567 1	0.048 5	0.010 7
3	1.998 1	1.840	0.399 60	5.588	0.021 3	0.015 8	0.002 8
4	0.133 6	1.762	0.413 00	5.062	0.051 2	0.045 0	0.008 9
5	0.253 4	2.302	0.398 20	4.910	0.040 2	0.031 0	0.006 3
6	1.434 3	3.556	0.354 80	5.756	0.021 5	0.019 0	0.003 3
7	1.998 1	4.123	0.329 30	5.370	0.017 8	0.012 0	0.002 2

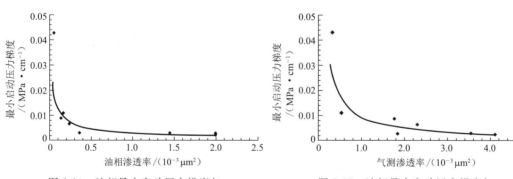

图 2-14　油相最小启动压力梯度与
　　　　油相渗透率的关系

图 2-15　油相最小启动压力梯度与
　　　　气测渗透率的关系

由图中可以看出,当油相渗透率大于 $0.25\times10^{-3}\mu m^2$(气测渗透率大于 $1.5\times10^{-3}\mu m^2$)时,最小启动压力梯度较小,随压力变化缓慢;当油相渗透率小于 $0.25\times10^{-3}\mu m^2$(气测渗透率小于 $1.5\times10^{-3}\mu m^2$)时,最小启动压力梯度随渗透率的降低而急剧增加。

根据取心资料、测井资料得到主力油层长 2、长 6、延 9 油层组的原始平均渗透率分别为 $(1\sim15)\times10^{-3}\mu m^2$,$(0.2\sim1.3)\times10^{-3}\mu m^2$ 和 $32.39\times10^{-3}\mu m^2$。根据最小启动压力梯度和渗

透率关系模板,得到 3 主力层系初始渗透率下的油相最小启动压力梯度分别为 0.000 8～0.009 4 MPa/cm,0.007 4～0.041 0 MPa/cm 和 0.000 4 MPa/cm。从 3 个主力层系的油相最小启动压力梯度可以看出,在渗透率不存在伤害的前提下,整体上主力储层油相最小启动压力梯度不大,可以在储层基质内部形成有效驱替[134-136]。

2.2.3　裂缝性特低渗油藏敏感性

1. 五敏性评价实验方法及结果

1) 速敏实验

首先将岩样加压抽空并饱和一定矿化度的标准盐水(根据 5 个试验区的地层特点,分别选择岩心饱和水矿化度:WYB 为 50 000 mg/L,XZC 为 25 000 mg/L,GGY 为 50 000 mg/L,YN 为 100 000 mg/L,DB 为 25 000 mg/L);然后将饱和好的岩样放入岩心夹持器中,使用环压自动跟踪装置使环压始终高于岩心上游压力 3 MPa;打开岩心夹持器进口端排气阀,开泵驱替(泵速不超过 1 mL/min),将驱替泵至岩心上游管线的气体排出;当气体排净,管线中全部充满实验流体时,关驱替泵,打开岩心夹持器出口端阀门,关闭排气孔,将驱替泵的流量调节到初始流量 0.5 mL/min 时开泵驱替;待流动状态稳定后,记录检测数据,计算该岩心的盐水渗透率[137-140]。按照 0.04 mL/min,0.07 mL/min,0.1 mL/min,0.4 mL/min,0.7 m L/min,1.0 mL/min,2.0 mL/min,4.0 mL/min 的流量,依次进行测定。

根据 $v_c = \dfrac{14.4 Q_c}{A\phi}$($Q_c$ 为临界流量,A 为岩心横截面积,ϕ 为岩心孔隙度),算出临界流速 $v_c = 80.95$ m/d。

由速敏性引起的岩心渗透率损害率利用下式计算:

$$D_{k1} = \frac{\bar{K}_w - K_{\min}}{\bar{K}_w} \times 100\%$$

式中　D_{k1}——速敏性引起的渗透率损害率,%;

　　　$\bar{K}_w$——临界流速前岩心渗透率的算术平均值,10^{-3} μm^2;

　　　$K_{\min}$——临界流速后岩心的最小渗透率,10^{-3} μm^2。

速敏性评价指标见表 2-15。

表 2-15　速敏性评价指标

渗透率损害率/%	$D_{k1} \leqslant 5$	$5 < D_{k1} \leqslant 30$	$30 < D_{k1} \leqslant 50$	$50 < D_{k1} \leqslant 70$	$D_{k1} > 70$
速敏损害程度	无	弱	中等偏弱	中等偏强	强

2) 水敏实验

实验用水为 6 种矿化度的标准盐水和蒸馏水,标准盐水的矿化度分别为 150 000 mg/L,100 000 mg/L,50 000 mg/L,25 000 mg/L,10 000 mg/L 和 5 000 mg/L,标号分别为盐水 1、盐水 2、盐水 3、盐水 4、盐水 5 和盐水 6。分别在高压中间容器中装入实验用水,按规定将岩样抽空饱和一定质量浓度的标准盐水,按标准进行驱替,待流动状态稳定后测得渗透率;

随后用 $10\sim15$ PV 的盐水 2 驱替,驱替速度为 1.5 mL/min,之后停驱替泵,使岩心在盐水 2 中浸泡 12 h,然后根据实验用水设计,重复上述步骤;最后用 $10\sim15$ PV 的蒸馏水进行驱替,驱替速度为 1.5 mL/min,测蒸馏水渗透率。以盐水矿化度为横坐标,以岩心渗透率损害率为纵坐标做盐度曲线,盐度曲线形态出现明显变化处所对应的前一点的盐度点为临界盐度。

采用水敏指数评价岩心的水敏性,水敏指数按下式进行计算:

$$I_w = \frac{\overline{K}_w - K_w^*}{\overline{K}_w} \times 100\%$$

式中 I_w——水敏指数,%;

K_w^*——用蒸馏水测得的岩心渗透率,$10^{-3}\ \mu m^2$;

$\overline{K}_w$——临界盐度前各点渗透率的算术平均值,$10^{-3}\ \mu m^2$。

水敏性评价指标见表 2-16。

表 2-16   水敏性评价指标

水敏指数/%	$I_w \leqslant 5$	$5 < I_w \leqslant 30$	$30 < I_w \leqslant 50$	$50 < I_w \leqslant 70$	$70 < I_w \leqslant 90$	$I_w > 90$
水敏损害程度	无	弱	中等偏弱	中等偏强	强	极 强

3）酸敏实验

首先分别按照速敏时岩心饱和水矿化度配置标准盐水,测定酸处理前的液体渗透率,将岩样反向注入 $0.5\sim1.0$ PV 的 15% 盐酸,并停驱替泵,使其反应 1 h;然后开驱替泵正向驱替,继续注入上述矿化度的标准盐水,连续收集流出液,直到流出液量达 $10\sim15$ PV 且流动状态稳定为止,测岩心渗透率[141-145]。

采用酸敏指数评价岩心的酸敏性,酸敏指数按下式进行计算:

$$I_a = \frac{K_f' - K_{ad}}{K_f'} \times 100\%$$

式中 I_a——酸敏指数,%;

K_f'——酸处理前用标准盐水测定的岩样渗透率,$10^{-3}\ \mu m^2$;

K_{ad}——酸处理后用标准盐水测定的岩样渗透率,$10^{-3}\ \mu m^2$。

酸敏性评价指标见表 2-17。

表 2-17   酸敏性评价指标

酸敏指数/%	$I_a \approx 0$	$0 < I_a \leqslant 15$	$15 < I_a \leqslant 30$	$30 < I_a \leqslant 50$	$I_a > 50$
酸敏损害程度	弱	中等偏弱	中等偏强	强	极 强

4）碱敏实验

先用标准盐水(pH = 6.5)以 1.5 mL/min 的流速测定岩心渗透率,利用 NaOH 溶液调节盐水的 pH,并按照一定的 pH 间隔提高碱液的 pH;向岩样中注入已调好 pH 的碱液,驱替速度与初始流速保持一致,驱替 $10\sim15$ PV;停止驱替,保持围压和温度不变,使碱液与岩石矿物充分反应 12 h 以上;将驱替泵流量调至初始流速,用该 pH 碱液驱替,测量岩心渗透率;重复以上操作,直到 pH 提高到 13 为止,测定岩心的渗透率。

pH 变化产生的碱敏指数按下式进行计算:

$$I_b = \frac{K_{wo} - K''_{min}}{K_{wo}} \times 100\%$$

式中　I_b——碱敏指数,%;

　　　K_{wo}——初始标准盐水测定的岩样渗透率,$10^{-3}\ \mu m^2$;

　　　K''_{min}——系列碱液测定的岩样最小渗透率,$10^{-3}\ \mu m^2$。

碱敏性评价指标见表 2-18。

表 2-18　碱敏性评价指标

碱敏指数/%	$I_b \leqslant 5$	$5 < I_b \leqslant 30$	$30 < I_b \leqslant 50$	$50 < I_b \leqslant 70$	$I_b > 70$
碱敏损害程度	无	弱	中等偏弱	中等偏强	强

5) 应力敏感性实验

应力敏感性实验可采用气体、中性煤油或标准盐水(质量分数 8%)作为实验流体。用气体做实验流体时的实验步骤为:

(1) 最高实验围压按 1/2 上覆岩压选取,以下分 4~8 个压力点。

(2) 保持进口压力不变,缓慢增加围压,每个压力持续 30 min 后,测定岩样气体渗透率。

(3) 保持进口压力不变,缓慢减小围压,每个压力持续 1 h 后,测定岩样气体渗透率。

(4) 所有压力点测完后关闭气源,停止实验。

应力敏感性引起的渗透率损害率 D_{k2} 按下式进行计算:

$$D_{k2} = \frac{K_1 - K'_{min}}{K_1} \times 100\%$$

式中　D_{k2}——应力不断增加至最高点的过程中产生的渗透率损害率,%;

　　　K_1——第一个应力点对应的岩样渗透率,$10^{-3}\ \mu m^2$;

　　　K'_{min}——达到临界应力后岩样的最小渗透率,$10^{-3}\ \mu m^2$。

应力敏感性引起的不可逆渗透率损害率 D_{k3} 按下式进行计算:

$$D_{k3} = \frac{K_1 - K_r}{K_1} \times 100\%$$

式中　D_{k3}——应力恢复至第一个应力点后产生的渗透率损害率,%;

　　　K_r——应力恢复至第一个应力点后的岩样渗透率,$10^{-3}\ \mu m^2$。

应力敏感性评价指标见表 2-19。

表 2-19　应力敏感性评价指标

渗透率损害率/%	$D_k^* \leqslant 5$	$5 < D_k^* \leqslant 30$	$30 < D_k^* \leqslant 50$	$50 < D_k^* \leqslant 70$	$70 < D_k^* \leqslant 90$	$D_k^* > 90$
应力敏感损害程度	无	弱	中等偏弱	中等偏强	强	极 强

注:D_k^* 为 D_{k2} 或 D_{k3}。

2. 敏感性实验结果分析及评价

试验区的岩心敏感性参数及其敏感性实验结果分别见表 2-20 和表 2-21。

表 2-20　试验区岩心敏感性参数

敏感性	试验区	岩样号	孔隙度/%	流量/(mL·min⁻¹)	驱替标准盐水矿化度/(mg·L⁻¹)	注入酸类型及体积	驱替液pH	围压/MPa
速敏	WYB	WYB-1	12.86	0.04,0.07,0.1,0.4,0.7,1.0,2.0,4.0	50 000			
	XZC	XZC-1	11.60		25 000			
	GGY	GGY-1	10.30		50 000			
	YN	YN-1	13.00		100 000			
	DB	DB-1	14.69		25 000			
水敏	WYB	WYB-2	14.73	0.1	150 000,100 000,50 000,25 000,10 000,5 000			
	XZC	XZC-2	10.68	0.7				
	GGY	GGY-2	10.10	0.3				
	YN	YN-2	12.08	0.7			7	
	DB	DB-2	15.18	1.0				
酸敏	WYB	WYB-3	14.21	0.1	50 000	15%盐酸注入1 PV		6
	XZC	XZC-3	10.45	0.7	25 000			
	GGY	GGY-3	9.82	0.3	50 000			
	YN	YN-3	11.55	0.7	100 000			
	DB	DB-3	14.55	1.0	25 000			
	WYB	WYB-4	14.59	0.1	50 000	常规土酸注入1 PV		
	XZC	XZC-4	9.94	0.7	25 000			
	GGY	GGY-4	9.73	0.3	50 000			
	YN	YN-4	11.15	0.7	100 000			
	DB	DB-4	14.99	1.0	25 000			
碱敏	WYB	WYB-5	15.35	0.1	50 000		5,6,8,9,10,11,12,13	
	XZC	XZC-5	10.23	0.7	25 000			
	GGY	GGY-5	11.40	0.3	50 000			
	YN	YN-5	12.63	0.7	100 000			
	DB	DB-5	16.40	1.0	25 000			
应力敏感	WYB	WYB-6	16.32	0.1	50 000		7	0,1,2,4,6,8,10,12,14,16
	XZC	XZC-6	13.06	0.7	25 000			
	GGY	GGY-6	9.75	0.3	50 000			
	YN	YN-6	9.93	0.7	100 000			
	DB	DB-6	15.28	1.0	25 000			

表 2-21　试验区岩心敏感性

层　位 \ 敏感性	速敏性	水敏性	酸敏性	碱敏性	应力敏感性
WYB 东部长 2	中等偏弱	中等偏强	弱—改善	弱	中　等
XZC 西部长 2	弱	中等偏弱	弱—改善	中等偏强	中　等
GGY 西部长 6	弱	弱	强	中等偏弱	中　等
YN 西部长 6	弱	中等偏弱	弱	弱	中　等
DB 延 9	弱	弱	弱—改善	无	中等偏弱

由实验结果可以看出,延长组储层存在不同程度的水敏,注入水质难以稳定,在注水过程中储层渗透性难免会受到不同程度的损害[146]。同时,储层均具有中等强度的应力敏感,在地层压力亏损后,会对储层基质渗透率造成不可逆的伤害[147]。

2.2.4　裂缝性特低渗油藏裂缝张启规律

1. 裂缝性特低渗油藏裂缝发育规律

在我国已发现和投入开发的低渗透油藏中,大部分油藏伴生天然裂缝。天然裂缝是低渗透油藏中油气渗流的重要储集空间,并且天然裂缝在低渗透油藏中能增大油藏渗透率,可影响并改变地下流体的渗流方向。裂缝依据形态可分为由构造作用形成的垂直裂缝和斜交裂缝,以及由差异压溶作用或应力作用形成的水平裂缝。

长 6 储层埋藏较浅,位于 $300\sim500$ m 之间,微裂缝有着不同规模的发育(图 2-16~图 2-18)。根据对大量取心井岩心的观察,岩心上可见两种裂缝:一种是与层面平行的水平层间缝,另一种为局部富集分布的高角度微裂缝。水平层间缝缝宽 $0.01\sim0.05$ mm,层面主要为相对富集的黑云母碎屑和植物化石碎片,可在一定程度上改善储层水平方向的渗透率[148]。该区高角度微裂缝发育程度较差,平均裂缝率仅为 $0.10\sim0.25$ 条/m。

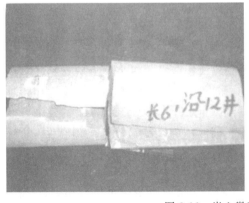

图 2-16　岩心微裂缝照片(Y12 井)

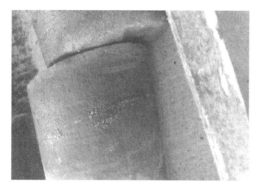
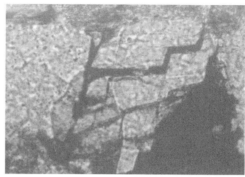

图 2-17　岩心微裂缝照片(T224 井)

图 2-18　水平层理缝野外露头及室内照片

图 2-19 所示为长 2 储层裂缝的电镜扫描以及成像测井结果图。从图中可以看出,长 2 储层存在一定程度的天然微裂缝发育。

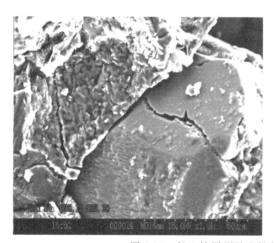
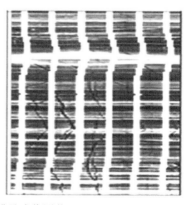

图 2-19　长 2 储层裂缝电镜扫描及成像测井

图 2-20 所示为延 9 储层裂缝发育图。从延 9 储层裂缝发育情况可以看出,延 9 储层大通道的发育状况良好,天然微裂缝不发育。

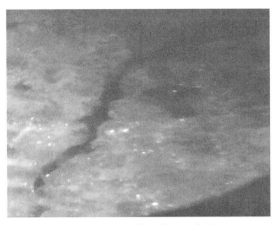

图 2-20　延 9 储层裂缝发育图

2. 裂缝性特低渗油藏应力敏感性对裂缝张启的影响规律

常规应力敏感性实验是采用改变围压的方法来模拟有效应力变化对岩心物性参数的影响。根据长 6 油层组的孔隙、裂缝发育情况和注采压差,分别在 1.0 MPa,2.5 MPa,5.0 MPa,7.5 MPa,10.0 MPa,15.0 MPa 和 20.0 MPa 的围压下测定孔隙岩样和裂缝岩样的渗透率变化情况,实验结果见表 2-22。

表 2-22　长 6 油层组应力敏感性实验结果

围压 /MPa		人造岩心 $K/(10^{-3}\mu m^2)$	人造岩心 $K/(10^{-3}\mu m^2)$	天然岩心长 6 $K/(10^{-3}\mu m^2)$	天然岩心长 6 $K/(10^{-3}\mu m^2)$	人造岩心 $K/(10^{-3}\mu m^2)$	人造岩心 $K/(10^{-3}\mu m^2)$
1.0	加载过程	481.054	318.955	—	—	—	—
2.5		247.601	103.132	1.31	0.846	153	388
5.0		44.215	50.010	1.13	0.716	47	238
7.5		13.938	23.308	1.10	0.673	15	151
10.0		6.771	18.730	1.106	0.636	5.91	111
15.0		2.383	9.339	0.93	0.626	1.94	72
20.0		1.041	3.746	0.87	0.616	1.66	52
15.0	卸载过程	0.832	8.641	0.90	0.622	0.86	53
10.0		0.905	16.834	0.93	0.634	2.44	59
7.5		1.022	14.506	0.94	0.656	1.15	69
5.0		1.164	15.332	1.09	0.693	1.67	80
2.5		1.697	22.955	1.15	0.840	6.56	108
1.0		2.432	46.484	—	—	—	—
备　注		裂缝液测	裂缝液测	孔隙气测	孔隙气测	裂缝气测	裂缝气测

由实验结果可以看出,裂缝具有强应力敏感性。由于通过钻井取心的方式获取天然裂缝岩样非常困难,因此对两块岩样进行室内人造模拟裂缝应力敏感性实验。人造模拟裂缝的气测渗透率分别为 $388 \times 10^{-3} \mu m^2$ 和 $153 \times 10^{-3} \mu m^2$,随着围压的增加,裂缝渗透率快速下降;当围压由 2.5 MPa 增加至 20.0 MPa 时,两块裂缝岩样的气测渗透率分别下降 86.6% 和 98.9%,发生了极强的应力敏感性损害。同时,液测裂缝应力敏感性实验岩样的渗透率分别为 $481.054 \times 10^{-3} \mu m^2$ 和 $318.955 \times 10^{-3} \mu m^2$,随着围压的增加,裂缝渗透率迅速下降;当围压由 2.5 MPa 增至 20.0 MPa 时,渗透率下降幅度达 99.6% 和 96.4%,裂缝渗流能力几乎完全丧失,并接近孔隙岩样的渗透率。对比气测和液测结果,裂缝渗透率在围压增加至 5.0～10.0 MPa 的过程中降低幅度最大,并且在卸载后裂缝的渗透率恢复率不超过 27.8%,可见长 6 油层裂缝比孔隙的应力敏感性要强得多,并且损害后极难恢复。

通过在长聚焦显微镜下观测发现,裂缝表面实际上由众多不同尺寸的微凸体构成。在裂缝闭合的过程中,微凸体具有支撑作用,并且随着围压的增加,参与支撑作用的微凸体的数目增多,支撑作用增强。从测量结果(图 2-21)可以看出,在围压从 1.0 MPa 增加到 5.0～7.5 MPa 的过程中,裂缝机械宽度明显变窄,相应的裂缝渗透率大幅下降;在围压大于 10.0 MPa 以后,由于裂缝两表面微凸体形成的接触点数量增多,支撑作用增强,裂缝宽度不再发生明显变化,但由于微凸体本身的弹塑性变形,裂缝的渗透率有一定程度的下降。

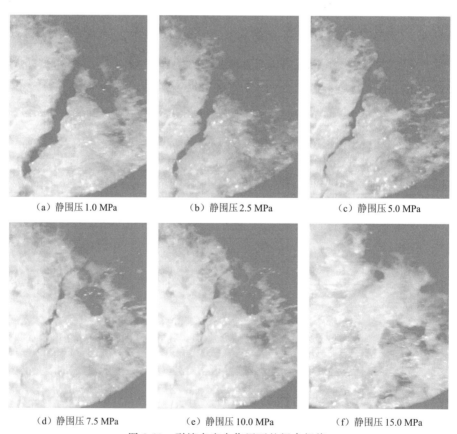

(a) 静围压 1.0 MPa   (b) 静围压 2.5 MPa   (c) 静围压 5.0 MPa

(d) 静围压 7.5 MPa   (e) 静围压 10.0 MPa   (f) 静围压 15.0 MPa

图 2-21 裂缝在应力作用下的闭合规律

因此,在对特低渗油藏进行开发时,要选择合理的开发模式和开采速度,尽量避免采用降低井底流压、增大生产压差的方式来提高单井产量。由于井底流压的降低必然使近井壁地带的孔隙压力降低,导致产层上覆有效应力增大,从而降低裂缝高度;过高的生产压差可能导致裂缝闭合,使油气在近井地带的渗流阻力增大,导致产量降低;过高的注入压力会使天然微裂缝张开,形成主要的窜流通道[149]。

2.2.5　裂缝性特低渗油藏渗流规律总结

通过对延安组延 9 储层裂缝性特低渗油藏岩石物性特征分析以及相渗曲线、启动压力梯度和储层敏感性测试,发现延 9 储层的物性较好,基本无敏感性,因此可以形成有效驱替。进而对延安组油藏的裂缝发育情况进行分析,发现其天然微裂缝不发育,存在大通道。因此对于延安组来说,基质多孔介质内可以形成油水有效驱替渗流,并且在渗流过程中主要受人工裂缝和储层物性的层内和平面非均质性的影响。

通过对延长组长 6、长 2 储层裂缝性特低渗油藏岩石物性特征分析以及相渗曲线、启动压力梯度和储层敏感性测试,发现延长组储层的物性较差,存在应力敏感、水敏和速敏,因此在基质内很难形成有效驱替。进而对延长组油藏的裂缝发育情况进行分析,发现其天然微裂缝发育。因此对于延长组来说,可以形成基质内渗吸置换与裂缝网络内水驱油渗流的双重介质、双重模式渗流,并且在渗流过程中主要受天然裂缝发育和人工裂缝展布影响。

通过对储层地质特征、油藏特征和渗流模式的研究可知,不同主力油层的人工裂缝及天然裂缝发育状况、构造沉积、渗流模式等会在一定程度上导致油层水驱开发状况不同。通过对相应区域的开发动态分析可知,裂缝发育对长 2(WYB,XZC)、长 6(GGY,YN)储层内水驱具有较大程度的影响。长 2 储层初始含水饱和度较高,在一定程度上导致了油井普遍含水较高的状况;延 9(DB)储层受有效砂层的空间展布关系和整体构造特征的共同作用,储层形成含边底水的局部隆起构造,储层较高的初始含水饱和度使得该层整体含油性差,储层水驱开发效果差;地应力分布、沉积微相展布和物流来源方向决定了高含水窜流方向[150]。

第3章 裂缝性特低渗油藏注采体系 评价与剩余油分布规律

在分析主力油层油水渗流规律与注水开发特征的基础上,通过调研延长油田各采油厂主力油层的开发状况,分析主力油层现有的注采体系特征及开发效果,找出影响注水开发效果和原油采出效果的主要因素及注水开发剩余油的主要分布规律,并针对影响上述开发效果的因素给出相应的治理预案。

首先,通过对所选取的鄂尔多斯盆地 22 个采油厂主力油层储量分布及动用情况进行分析,得出各储层的动用情况,并由此得到不同主力油层在各采油厂区域的剩余油挖掘潜力;

其次,通过主力油层开发井网和注水开发特征研究,分析不同采油厂的开发井网形式、主要开发能量方式和注水开发分布情况,得到目前水驱开发中存在的问题及注水区域大量剩余油分布的原因和区域;

再次,重点对影响目前延长油田水驱开发效果的天然裂缝和人工裂缝的发育规律进行分析,得到开发布井角度注意事项;

最后,对上述影响开发效果的因素进行总结,并给出系统的治理预案。

3.1 裂缝性特低渗油藏开发特征分析

3.1.1 裂缝性特低渗油藏储量分布及动用情况

截至 2013 年 6 月底,鄂尔多斯盆地研究区域的 22 个采油厂的主力油层探明储量面积约为 4 538.33 km^2,探明地质储量约为 219 547.54×10^4 t,可采储量约为30 382.05×10^4 t;截至 2010 年年底,采油井有 49 000 口左右,主要开发层系为延长组的长 2、长 6 储层和延安组的延 9 储层。

鄂尔多斯盆地 22 个采油厂的开发状况见表 3-1,延 9 储层的探明情况和动用情况见表3-2。

表 3-1　鄂尔多斯盆地 22 个采油厂开发状况

采油厂		开发的主力层系	主力油层探明储量面积/km²	主力油层探明地质储量/(10⁴ t)	主力油层可采储量/(10⁴ t)	年产原油/(10⁴ t)
东部	1 QLC	长 6	286.31	15 060.81	1 656.68	30.00
	2 GGY	长 6	213.23	10 397.48	1 118.65	24.70
	3 QHB	长 2、长 6	344.68	12 799.30	1 365.98	38.00
	4 ZC	长 2、长 6	177.43	9 225.95	1 270.94	27.70
	5 ZB	长 2、长 6	241.01	10 522.46	1 229.59	32.10
	6 CK	长 6	185.61	7 514.99	796.59	3 052.00
	7 PL	长 6、长 2	56.81	2 239.48	294.16	7.00
	8 NNW	长 2、长 6	199.13	9 388.79	1 010.38	48.00
	9 YW	长 8	24.57	456.86	33.81	0.85
	10 WJC	长 6	195.65	7 439.73	818.36	19.00
	11 HS	长 6、长 2	20.74	558.70	41.90	18.00
	12 ZZ	长 6	34.01	1 084.22	108.42	3.75
	13 QPC	长 6、长 2	94.68	2 966.98	316.05	6.50
	14 WYB	长 2、长 6	159.71	7 502.08	858.25	25.50
西部	1 XQ	延 9、长 2、长 6	214.48	13 933.55	1 730.69	100.00
	2 XCW	延 9、长 2、长 6	266.68	10 503.17	1 220.99	36.50
	3 YN	延 9、长 2、长 6	590.75	27 937.98	4 797.49	134.00
	4 WQ	延 9、长 2、长 6	384.24	23 828.01	4 431.86	248.90
	5 ZL	长 2、长 6	74.98	3 352.70	381.41	20.00
	6 XZC	延 9、长 2、长 6	171.13	9 096.30	1 168.74	79.00
	7 DB	延 9、长 2、长 6	404.97	22 179.29	3 287.76	217.00
	8 JB	延 9、长 2、长 6	197.53	11 558.71	2 443.35	100.50

注：探明储量面积、探明地质储量、可采储量数据均截止到 2013 年 6 月底。

表 3-2　部分采油厂延 9 储层储量及动用情况

采油厂	类　别	探明储量 /(10^4 t)	探明已开发储量 /(10^4 t)	探明未开发储量 /(10^4 t)	动用率/%
WQ	低 渗	1 420.00	1 250.00	170.0	88.03
DB	低 渗	3 089.00	2 449.00	640.0	79.28
JB	低 渗	3 763.91	3 763.91	0	100
XCW	低 渗	146.50	146.50	0	100
合　计		8 419.41	7 609.41	810	90.38

长 2 储层的探明情况和动用情况见表 3-3。

表 3-3　部分采油厂长 2 储层储量及动用情况

采油厂	类　别	探明储量 /(10^4 t)	探明已开发储量 /(10^4 t)	探明未开发储量 /(10^4 t)	动用率/%
YN	长 2Ⅲ	2 327.00	2 130.00	197.00	91.53
XZC	长 2Ⅲ	5 386.79	5 386.79	0	100
WQ	长 2Ⅲ	1 210.00	1 130.00	80.00	93.39
QPC	长 2Ⅲ	2 091.61	1 823.11	268.50	87.16
PL	长 2Ⅲ	1 157.00	1 061.50	95.50	91.75
NNW	长 2Ⅲ	98.00	40.00	58.00	40.82
HS	长 2Ⅱ	1 066.34	1 066.34	0	100
DB	长 2Ⅲ	2 742.00	2 090.00	652.00	76.22
QHB	长 2Ⅲ	1 646.63	785.05	861.58	47.68
ZB	长 2Ⅱ	837.90	595.90	242.00	71.12
XCW	长 2Ⅲ	10 026.53	9 274.95	751.58	92.50
ZC	长 2Ⅱ	4 129.00	2 654.77	1 474.23	64.30
XQ	长 2Ⅲ	612.00	612.00	0	100
JB	长 2Ⅲ	4 220.36	4 220.36	0	100
合　计	长 2Ⅱ	6 033.24	4 317.01	1 716.23	71.55
	长 2Ⅲ	31 517.92	28 553.76	2 964.16	90.60
	长 2	37 551.16	32 870.77	4 680.39	87.54

长 6 储层的探明情况和动用情况见表 3-4。

表 3-4　部分采油厂长 6 储层储量及动用情况

采油厂	探明储量/(10^4 t)	探明已开发储量/(10^4 t)	探明未开发储量/(10^4 t)	动用率/%
YN	22 433.50	11 561.10	10 872.40	51.53
XZC	3 580.21	3 580.21	0	100
WQ	9 110.00	7 830.00	1 280.00	85.95
QPC	130.42	38.88	91.54	29.81
QLC	10 644.00	6 642.00	4 002.00	62.40
PL	180.00	90.00	90.00	50.00
NNW	5 952.00	5 360.00	592.00	90.05
HS	693.65	513.65	180.00	74.05
DB	1 200.00	807.00	393.00	67.25
CK	6 437.23	5 701.14	736.09	88.57
GGY	7 043.54	5 386.00	1 657.54	76.47
QHB	5 573.00	3 237.26	2 335.74	58.09
ZB	7421.08	3 868.58	3 552.50	52.13
ZZ	900.00	800.00	100.00	88.89
XCW	850.88	631.34	219.54	74.20
XQ	8 258.80	7 370.80	888.00	89.25
JB	768.72	768.72	0	100
合　计	91 177.03	64 186.68	26 990.35	70.40

3.1.2　裂缝性特低渗油藏开发井网和注水开发特征

鄂尔多斯盆地老油区多为不规则反九点井网,新油区开始部署规则反九点井网。特别针对长 6 天然裂缝系统对注水开发效果的影响,初期注水采用反五点法或反七点法或反九点法部署注采井网,当裂缝方向见水或水淹时,及时调整为沿裂缝方向不等井距线状注水井网。大部分油田实际实施的井距和井网密度与理论合理井距基本相符,但部分油田因各种原因井网过密,为下一阶段的井网调整带来了困难。针对所选采油厂,其具体开发井网和注水开发特征介绍如下。

1. 研究区开发井网和注水开发特征

1) QLC 采油厂

辖区资源面积约 300 km², 于 2002 年开始进行注水试验。截至 2007 年 10 月底,包括 ZTZ584 和 YZM639 两座注水站,累计注水 250 894 m³,累计产液 264 370 t,累计产油

219 585 t,累计注采比为 0.949。ZTZ584 注水区为同期注水,控制面积 3.7 km²,控制储量 174×10⁴ t;YZM639 注水区为先期注水,控制面积 6.3 km²,控制储量 365×10⁴ t。由于 QLC 油田的自然环境和经济条件的影响,两个试验区井网都不是十分规则,ZTZ584 区以近正方形井网为主,YZM639 区则以近菱形井网为主,部分为不规则井网形式。受钻井井网条件限制,注水试验区的注水井网以反九点注采井网为主,部分为不规则反五点或不规则反七点注采井网。

2)GGY 采油厂

截至 2010 年 11 月,GGY 采油厂在东部老区采用三角形井网,井距 150 m,理论井网密度为 49 口/km²,实际井网密度为 35 口/km²;在西部注水区采用反九点丛式井矩形井网同步注水开发,2000 年后大规模采用丛式井同步注水开发,井网密度为 42 口/km²。注水井投注方式为射孔后爆燃压裂投注。总体呈现出注水压力高、地层亏空较严重和注水利用率低的特点。

GGY 采油厂现有注水站两座(C34 注水站和 T114 注水站),注水井 169 口,开井 143 口,平均日注水 312.84 m³,至 2010 年 11 月底,年注水 10.5×10⁴ m³,累计注水 43.89×10⁴ m³,平均井口压力 7.13 MPa,受效采油井 487 口,受效面积 15.1 km²。生产层位情况统计资料表明,生产长 6¹ 储层的井层储量动用 57.95%,生产长 6² 储层的井层储量动用 31.82%,生产长 6³ 储层的井层储量动用 10.23%,可见主力层储量动用较好。

(1)T80 井区。

T80 井区于 2001 年开始开采,注水控制面积 5.3 km²,探明地质储量 265×10⁴ t,储量丰度 50×10⁴ t/km²,2002 年实施不规则反九点面积注水开发,注水水源为延河水。该区域共有注水井 42 口,2 口注空气、泡沫液井,受效采油井 204 口,截至 2010 年 11 月底,T80 井区受效井累计产液 43.36×10⁴ m³,年累计产液 3.27×10⁴ m³,累计采油 26.66×10⁴ t,年累计采油 1.99×10⁴ t;注水井年累计注入 5.31×10⁴ m³,累计注入 31.38×10⁴ m³,累计注空气 1 545.31 m³(10 MPa 状态下),累计注泡沫 3 322.8 m³;采出程度 10.06%,累计注采比 0.72,单井平均日产油 0.31 t,综合含水 4.65%,年自然递减率 5.62%。

(2)T114 井区。

T114 井区探明储量面积 22.43 km²,探明地质储量 1 008.98×10⁴ t,地质储量丰度 44.98×10⁴ t/km²。2005 年在整体开发理念指导下对整个 T114 井区编制并实施了早期整体注采开发方案,优化出北东(北东 45°)150 m×125 m 矩形反九点井网作为基本井网模型单元,采用分块实施、注水井提前 6 个月注水、控制生产井压裂规模、提高泵挂以控制井底流压、科学简化优化井筒工具以及投注工艺等基本技术,确保了设计理念的实现。该区注水控制面积 9.8 km²,水驱控制储量 440.8×10⁴ t,注水水源为经污水处理站处理后的地层采出水。截至 2010 年 11 月底,T114 井区有受效油井 283 口,开井 267 口,其余 16 口井因含水率高而计划停井;累计注水 12.5×10⁴ m³,累计产液 14.08×10⁴ m³,年累计产液 4.39×10⁴ m³,累计采油 8.31×10⁴ t,年累计采油 2.48×10⁴ t,综合含水 37.94%,采出程度 1.89%,累计注采比 0.89;单井平均日产油 0.30 t,2010 年自然递减率为 8.15%。

3)QHB 采油厂

截至 2010 年,QHB 采油厂 FFC 区块注水区域的自然递减率为 23.6%,未注水区域的自然递减率为 33.4%。据统计,注水区块内平均含水 80%,最高达到 95%,水驱控制程度在 90% 以上。截至 2010 年底,FFC 区块拥有注水井 429 口,受效油井 1 665 口,注水控制面积 37.25 km²,水驱控制储量 1 554.6×10⁴ t,注水区域年注采比为 0.98。

利用油藏工程方法,研究区合理井网密度为 25.13 口/km²,合理井距为 156.5 m。

4) ZC 采油厂

长 2 储层为具边底水,但边底水不十分活跃的弹性-溶解气驱油藏。ZC 采油厂长 2 储层注水井均为油井转注。吸水剖面测试结果统计表明,长 2 储层平均吸水厚度为 10.0 m。

ZC 采油厂长 2 储层采用不规则反九点法、反七点注采井网,井距一般为 210~230 m。截至 2005 年 8 月,该采油厂长 2 储层共有注水井 94 口,对应受效油井 489 口,注水覆盖面积 21.09 km²,占动用储量面积的 56.3%;水下分流河道沉积微相区平均日产油 1.6 t,平均日产水 1.5 m³,河道间微相平均日产油也在 0.5 t 左右。

5) ZB 采油厂 1068 井区

该区长 6 储层在采用正方形反九点注采井网时,井距应控制在 180~210 m 之间,初期利用天然能量开采,后期进行注水开发。

6) CK 采油厂

CK 采油厂拥有 2 座注水站,分别为 PQ 注水站和 LQ 注水站,受效油井平均单井日产油 0.28 t,油水井数比接近 4.5。该采油厂采用不规则反九点井网,共有注水井 258 口,开井 246 口,注水井利用率 95%,涉及油井 1 182 口,开井 926 口,日注水量 509.8 m³,平均单井日注水 2.1 m³;油田开发面积 172.81 km²,注水面积 33.4 km²(占油田开发面积的 19.3%),地质储量 1 874×10⁴ t;年注水 32.4×10⁴ m³,年产油 9.59×10⁴ t,累计注水 328.3×10⁴ m³,年注采比 1.13,累计注采比 0.96,平均井口压力 5.9 MPa,累计分层注水井数为 134 口,注水区域自然递减率 10.6%,综合递减率 8.8%,采出程度 8.89%,年采油速度 0.51%。

7) PL 采油厂

PL 采油厂位于鄂尔多斯盆地陕北斜坡东部,区域面积约 425 km²。截至 2008 年底,PL 采油厂共完钻 160 口探井,钻至长 6 及以下地层的探井共 74 口(其中深层回注井 16 口);长 2 储层钻探密度为 0.376 口/km²,长 6 储层钻探密度为 0.174 口/km²;长 2 产油井 70 口,未下套管井 34 口。

PL 采油厂长 2 储层属平原河流沉积,纵向上砂体厚度大,交错层理发育,砂岩粒以中—细砂为主,长 2² 砂层厚度大于长 2¹ 砂层厚度,长 2 储层主要分布在长 2¹ 地层中,厚度约为 10 m。

8) NNW 采油厂

NNW 采油厂油田开发初期,生产井井距在 90~150 m 之间,井网密度为 50 口/km² 左右,压裂造缝相互沟通现象严重。对其投产 12 个月后的产量递减率进行分析,当井距为 100 m 时,递减率为 77.2%;当井距为 150 m 时,递减率为 69.3%;当井距为 200 m 时,递减率为 63%,并且采用 200 m 井距时,井间干扰微弱。因此,NNW 特低渗油田开发井距不宜过大或过小,以 200 m 井距较为宜。以此为根据,将生产井井距调整至 200 m,井网密度为 25 口/km²,现场没有出现邻井被压通的现象。

利用黑油模型软件模拟造缝长 55～80 m,缝高 8～10 mm,经过 200 多口井施工后,最高初期日产油 6～8 t,个别井达 10 t,初期月产油平均 100 t 以上,取得了很好的压裂效果。

9) YW 采油厂

YW 采油厂长 2 稠油油藏埋深为 650～1 090 m,平均孔隙度为 10.7%,平均渗透率为 $0.4×10^{-3} \mu m^2$,含油饱和度为 18%～30%,无明显油水界面,是以溶解气驱为主的低孔低渗的岩性油藏,具有低温、低压、特低渗、低孔和低含油饱和度的特点。为了找到适合长 2 稠油油藏的开发方式,自 2006 年起 YW 采油厂先后进行了多种开发方式的现场试验。根据注热水试验、自生弱酸和热力解堵、热化学解堵增效、化学氮气驱油、微生物驱油、蒸汽吞吐以及人工烟道气吞吐等现场试验的实施效果可知,长 2 稠油油藏不适合热采,只能采用化学降黏冷采的方式进行开发。

YW 采油厂 GT 区采用不规则菱形井网,井距控制在 180～220 m 之间,排距 200 m;MW 区采用不规则菱形井网,井距控制在 200～250 m 之间,排距 200 m。

10) WJC 采油厂

WJC 采油厂 2011 年全年生产原油 242 688 t,转注井 6 口,钻新井 124 口;2012 年全年生产原油 23.01×10^4 t,注水量达 7 620.4 m^3。

11) HS 采油厂

2009 年 HS 采油厂 BLC 油区有采油井 221 口,注采层位为长 2 油层组,单井平均日产油 1.88 t,综合含水 67.1%。目前,该区有注水井 74 口,日注水 1 490 m^3,平均单井日注水约 20 m^3,年注水 48.2×10^4 m^3,累计注水 161.2×10^4 m^3,月注采比 1.12,累计注采比 0.45,采出程度 8.85%,采油速度 1.2%,自然递减率 -5.5%,综合递减率 -6.16%。

BLC 油区在注水开发之前,日产油量变化不大,基本维持在 1.0 t 以下。2006 年底开始注水,日产油量增幅稳步上升,由 2006 年的 0.91 t/d 增加到 2009 年的 1.81 t/d,同时采油速率和采出程度也大幅增大。

BLC 油区属于陆相沉积储集层,砂体变化大,边底水能量弱,适合采用面积注水方式。该油区的产油、产液量不大,注采井数比为 1∶3 即可满足生产要求,故选用反九点法注采系统。但由于油区井网不规则,最终选取以反九点法为主结合反七点法注采井网,井网密度为 20 口/km^2,井距为 180～230 m。对于低饱和油藏,要充分利用边水能量,保持地层压力在原始地层压力附近开采为宜。因此该区地层压力水平保持在 6 MPa 左右是比较合适的,最终计算出井口最高注入压力为 14.5 MPa,实际井口最高注入压力为 7.5 MPa,平均注入压力为 1.43 MPa。

该区长 2 储层的非均质性不是很强,压裂加砂规模一般设计为 1.0～1.5 m^3。通过补测资料、钻调整井、水井补孔等措施完善注采井网,提高注水效率,多向受效井和双向受效井比例达 75% 以上。注水井一线的受效油井普遍见效,但不均衡,油井三向受效见效最好,双向受效次之,单向受效最差。

据 2009 年统计,该区有 26 口注水井,注水层数 65 层,注水厚度 176.4 m,吸水层数 63 层,吸水厚度 330.2 m,吸水层数占注水层数的 97%,吸水厚度为注水厚度的 1.87 倍,油层吸水状况比较好。从压力恢复监测情况分析,该区随着注水时间的增长,油区地层压力逐步得到恢复,由 2008 年的 1.94 MPa 增加为 2009 年的 2.48 MPa。

12) ZZ 采油厂

2006 年 10 月底,ZZ 采油厂共有采油井 460 口。2012 年完成井场 352 个,建成投运注水站 6 个,日注水能力达 960 m³。

13) QPC 采油厂

BGG 油田于 1990 年展开规模开发,截至 2009 年已经开发了 19 年。其产油层为三叠系延长组长 2² 段,埋深 120～300 m,属于浅层油层,绝大部分油井长期利用地层原始驱动能量采油。BGG 油田分别于 2001 年 11 月和 2003 年 9 月投入使用了注 1 与注 2 两口注水井,2006 年 11 月到 2008 年 7 月有 52 口采油井转为注水井,注水受效井 289 口,注采井网为分散的点状注水开发井网形式,注采井井距范围为 150～250 m,绝大多数井为单向受效井,只有少数井为双向受效。所有的油井都经过压裂改造,基本没有无水采油期,大部分油井含水已经很高,而且存在天然裂缝。该油田经过长期采油,没有补充任何能量,目前地下能量亏空严重。

14) WYB 采油厂

WYB 油田是一个中型整状油田,2012 年研究区内共有采油井 2 100 口,注水井 110 口,受效井 435 口。目前仍有占总井数约 70%以上的采油井依靠天然能量进行生产,导致地层压力亏空量逐年增加,地层压力无法保持平稳,BLC 油区长 6 油层的平均地层压力不断下降。

截至 2011 年底,长 6 油层共部署油井 2 100 余口,注水井 110 口,年产原油超过 20×10^4 t,综合含水达 72%。在该油区的不同部位分布着不规则反九点、反七点以及反五点的面积注水井网,井排距约为 250 m×250 m。

数值模拟得到该区经济极限井网密度为 33 口井/km²,井距约为 170 m;合理井网密度为 20 口井/km²,井距约为 220 m。

15) XQ 采油厂

XQ 研究区主要以反九点法进行注水,井距为 90～368 m,平均为 230 m 左右。研究区的油井见效时间平均为 4.8 个月,见效周期为 0.1～29 个月,注水开发油井见水时间平均为 17 个月。

截至 2010 年 7 月,研究区内累计有注水井 36 口,累计注水 147.9×10^4 t,累计产油 1.08×10^4 t,累计产水 93.47×10^4 m³;西区 ZK 油区平均日产油 0.8～4.5 t,平均日产水 1.1～3.5 t,其中 Z36-6 井含水率最高,达到 93.75%,而 Z27-1 井含水率最低,为 2.44%。

综合 XQ 研究区的注水见效特征和注水见水分类研究,对该区增产有以下认识:

(1) 对波动变化型井组,可采取两种注采工作制度:① 油水井间采间注,即注水时油井停采、采油时水井停注,可适当增加注水量或产液量;② 连续注水,对应油井间歇生产。

(2) 对突变型井组,也可采取两种注水工作制度:① 小流量注水,以使注入水不沿新形成的裂缝突进;② 根据已有的不稳定注水研究成果,结合研究区的实际情况,采取间歇注水,在保持总注水量不低于总配注量 85%的条件下进行不稳定注水。

（3）常规型注水见效是比较理想的，但应控制单井注水总量，井组注采比不应过高，以温和注水为主，并力争做到有效分层注水，避免转化为突变型；应加强注水动态跟踪，力争早发现水窜趋势，及时调整；同时加强周期注水及间歇注水的转换注水方式研究。

截至 2010 年 7 月，ZK 油区水驱控制程度为 0.74，水驱动用储量为 $333.33×10^4$ m^3，水驱储量动用程度为 63.3%，目前水驱指数为 0.31；当含水率为 67% 时波及系数为 35.4%，当含水率达到 98% 时波及系数为 84.08%。

16）XCW 采油厂

该区注水见效周期为 6～10 个月，平均为 8 个月，见效周期较短，适合注水开发。根据长 2 油层人工压裂裂缝形态监测结果，人工裂缝方位在 60.7°～88.4° 之间。

XCW 油田长 2 油藏井距为 150～300 m，平均为 250 m，变化范围大，给规则的注采井网部署带来一定的难度。井网部署以不规则反七点法为主，1 口注水井对应 5～8 口油井。

XCW 采油厂 C44 井区尚未进行注水开发，对其进行的模拟注水开发结果为：对于反七点井网，单井注水速度为 6 m^3/d，采油速度为 0.5%，井网密度为 21.7 口/km^2 和井距为 163 m 较合适。

研究表明，XCW 低渗透油藏超前注水实施政策为：保持地层压力水平为 110%～130%；注水强度按照 2.0～4.0 m^3/(d·m) 维持超前注水量；超前注水时机选择提前 3～6 个月。Q100 井区从 2006 年实施后期注水开发，区域内共有注水井 6 口，2010 年所钻的 11 口调整井全部在注水区域内，平均单井初期日产油 3.22 t；Q65 井区从 2006 年实施后期注水开发，区域内共有注水井 7 口，2010 年所钻的 8 口调整井均在非注水区域，平均单井初期日产油 2.33 t，稳产时间较短，1 个月后降产 50%。由此说明，与非注水区相比，注水区能量充足、单井产量高、稳产时间长。

2006—2009 年，Q65 井区平均每口井射开 2.2 层，平均每层厚度为 1.59 m，射开程度达 25%，射孔位置为全层段物性较好的部位；压裂平均排量为 2.05 m^3/min，砂量为 14.05 m^3；试采初期平均日产液 10.15 m^3，日产油 1.17 t。根据该区液量较大、含水较高的特点，将压裂规模及施工参数进行了科学的调整，减小规模及参数。2010 年，平均每口井射开 1.39 层，平均每层厚度为 2.06 m，射开程度达 22%，射孔位置位于油层中上部物性较好的部位；压裂平均排量为 1.27 m^3/min，砂量为 6.07 m^3；试采初期平均日产液 17.36 m^3，日产油 2.44 t。两个阶段射孔方式差异很大，2010 年的压裂规模与 2006—2009 年相比，排量和砂量都减小了一半左右，但 2010 年的试油效果比 2006—2009 年的高出近 1 倍。

17）YN 采油厂

该采油厂 XHZ 含油区块从 1999 年开始先后转入注水开发。截至 2006 年 6 月，长 6 油层总生产井 380 口（注水井 65 口，采油井 315 口），累计产油 $256.46×10^4$ t，产水 $50.40×10^4$ m^3，年产油 $34.02×10^4$ t 左右，平均单井日产油 3.2 t，日产液 5.3 m^3；油田综合含水 29.8%，采油速度 0.81%，采出程度 6.1%。目前累计注水 $196.73×10^4$ m^3，年注水 $33.0×10^4$ m^3 左右，平均单井日注水 19.9 m^3，年注采比 0.52，累计注采比 0.5。

该油区采用了两套井网，分别是对长 6^1 和长 6^2 实施单注单采的开发系统。自注水开发后,部分油井于 2002 年开始见水,截至 2006 年,已有各种类型含水井 73 口,其中自然水淹和暴性水淹井 23 口,中高含水井 21 口,低含水井 29 口,不含水井 242 口,占总生产井数的76.8%,表明 XHZ 区块仍处于无水采油期为主的开发阶段。

需要指出的是,有 11 口含水井的含水率长期固定不变,这反映了该区储层中可动水饱和度是一定的,因此造成早期两相渗流中没有外来水淹的油井产状特征。这种初始含水产状是该区注水开发的特点之一。

XHZ 区块属早期注水开发,因此注水效果还是比较明显的。SH 油田长 6 油层属特低渗岩性油藏,油层一般无自然产能,油井均需压裂投产。由于天然能量不足,早期完全依靠天然能量开发,造成油井产量下降快,地层亏空。自 1999 年 10 月,S68 井、S76 井组注水开发后,油田逐步进入注水开发;2003 年后,在区块东南部采用注采同步,局部地带还实施了超前注水。

截至 2006 年 6 月,XHZ 区块注采井网的平均井距为 278 m,加之井网不规则,相当一部分井区的井距在 300 m 以上,远大于 200~250 m 的合理井距。该区内 9 口井 14 个层次的人工压裂裂缝监测分析表明,裂缝方位为 56.2°~72.5°,平均为 65.3°,裂缝长度为 148~198 m,裂缝高度为 7~25 m,裂缝倾角为 70°~90°。

针对所暴露出的主要问题,采取相应的技术措施,主要有以下几个方面:

① 对暴性水淹井的调整,关键在于对裂缝特征的落实;

② 提高注采井数比,完善注水系统,扩大水驱范围,提高注水开发效果;

③ 针对 XHZ 区块注水开发处于低含水生产期的现状,进行开发层系的局部调整,长 6^2 储层是 4 个小层复合而成的多油层,除长 6_2^2 已全面注水开发外,其他小层仅部分井射开投产,还有相当部分油井的小层没有投产,因此在调整中对这些油井应补孔打开,采用分注合采或合注合采的开采模式;

④ 加强注采井网密度调整,完善注采系统,提高注采系统的水驱控制程度;

⑤ 加强注水及管理,逐步提高长 6_2^2 储层压力,为不断改善注水开发效果提供保障,长 6^1 储层的地层压力变化不大,从 2000 年的 8.7 MPa 恢复到 2006 年的 9.2 MPa,而长 6_2^2 储层的地层压力从 2000 年的 6.0 MPa 回升到 2003 年的 6.5 MPa 左右,之后下降到 2006 年的 6.0 MPa;

⑥ 开展周期性注水试验,为评价低渗储层的适应性提供依据。

18) WQ 采油厂延安组和延长组

WQ 采油厂对区块进行了注水开发,目前水驱控制面积 440.55 km²,建成注水站 75 座(大站 26 座、撬装站 49 座),水处理能力 37 983.8 m³/d。

截至 2011 年初,该油田有生产井 164 口,日产水 1 186~1 200 m³;有 3 座注水站、2 口注水井,配注量 1 050 m³/d,其中回注三叠系长 2 储层的配注量为 680 m³/d,侏罗系的配注量为 370 m³/d。

截至 2010 年,长 2 储层开油井 19 口,日产液 245 m³,日产油 45 t,综合含水 78.5%,平均动液面 1 220 m;开注水井 14 口,日注水 840 m³,月注采比 1.78,累计注采比 1.48,存水率0.58;油藏压力平均为 14.61 MPa,压力保持水平为 112.7%,地层能量较为充足。

该采油厂 XC 区块长 6 储层经济最佳井网密度为 15.35 口/km²,经济极限井网密度为 33.05 口/km²,优化合理的井排距确定为 500 m×150 m;XC 区块长 6 储层的主应力方向为北东 68°。菱形反九点井网基本适合 WQ 油田长 6 储层特征,增加裂缝方向油水井井距可延缓见水时间。理论计算和实际对比表明,XC 区块长 6 储层注采井数比与理论计算相比偏低,要适时考虑部分油井转注以提高注采井数比,因此建议在开发后期将菱形反九点注采井网转变为矩形五点井网,进行强注强采。

目前长 2 储层开发特征表现为:

① 注水压力高(15.0 MPa 以上),注入水沿着高渗层段或老裂缝窜进,油井普遍高含水;

② WQ 油田长 2 储层储量丰富,但其物性差,泥质含量高,地层易堵塞,常规压裂不能沟通新的泄油区,见不到效果或者即便见到效果,增油的有效期也较短;

③ 油层在平面上和剖面上非均质性严重,特别是由于水动力条件变化快,储层内非渗透钙质夹层十分发育,进一步加剧了平面和纵向上的非均质性。

2007 年以来,为达到稳油控水的目的,油田分别采取了注采调整、周期性注水、转注、停注、完善注采井网等措施,提高油田开发水平,提高采收率。目前研究区注水压力一般在 17 MPa 左右,实际注水量在 30~40 m³/d 之间。油井普遍采取高能气体压裂及活性水压裂投产措施,经过多年开采,油井多已进行重复压裂,部分油井采取转向压裂进行增产。

19) ZL 采油厂

根据油藏工程方案,该采油厂 HSY 区油藏中部深度为 950 m,预测最大井口注水压力为 10~15 MPa,油层破裂压力为 23.3 MPa(井口),单井日注水量为 15 m³。由于长 2 储层的渗透率差别不是很大,且该油区油层主要集中在长 2 段,砂岩钻遇率高,平面连通性较好,地质特征及流体性质相近,跨度小,因此注水方式建议采用笼统注水,个别井可尝试采用分层注水工艺。

截至 2012 年 5 月,该油区长 2 储层井距 200~300 m,变化范围大,平均 250 m,给规则的注采井网部署带来一定的难度。井网部署以不规则反九点法为主,1 口注水井对应 5~8 口油井。

盆地裂缝方位的测试结果表明,最大主应力方位(即裂缝延伸方向)为北偏东 45°~75°。最终确定井排走向与裂缝方向大体相同,这样注采井网能最大限度地增大扫油面积,提高注水效果。

根据已有井网,结合井网、井距论证结果,在已钻井区域尽量利用已有井网,在新部署地区采用排距 200~250 m、井距 230~250 m 进行部署,形成不规则反九点法井网,注水井排方位约北东 65°方向,与裂缝走向基本一致。

20) XZC 采油厂

该采油厂 BQ 区长 6 储层采用约 250 m 的四点井网(可转为反四点/反七点井网)、分小层射孔的开发部署,近年来 BQ 北逐步开始开发,多采用 480 m×175 m 的菱形反九点井网。该区原始地层压力为 10.56 MPa,饱和压力为 3.3 MPa。目前老井井底流压为 2.78 MPa,静压为

4.69 MPa,新井流压、静压分别为 4.69 MPa 和 6.40 MPa,压力下降较快。BQ 区平均单井日产油为 0.627 t,产液强度在 1.0～3.0 m³/(d·m)之间,平均为 2.0 m³/(d·m);产油强度在 0.21～1.02 t/(d·m)之间,平均为 0.63 t/(d·m)。BQ 区注水井单井日注水为 15～40 m³,平均为 26.1 m³;吸水指数在 0.02～8.57 m³/(d·MPa)之间,平均为 1.03 m³/(d·MPa);吸水强度多在 0.55～5.56 m³/(d·m)之间,平均为 2.06 m³/(d·m)。

由水驱曲线分析可得到,该区水驱采收率平均为 17.33%。开发技术政策研究表明,该区实际注采比应在 2.5 以上;菱形反九点井网最优裂缝半缝长为 100 m 左右,矩形井网裂缝半缝长在 60～80 m 之间为宜;菱形反九点井网油井井底流压应该控制在 4～5 MPa 之间,而对于矩形井网,油井井底流压应该控制在 3～4 MPa 之间。

21)DB 采油厂

DB 采油厂油藏工程方案采用两套层系两套井网开发,即延安组为一套井网,延长组(以长 4+5 和长 6 为主)为一套井网。延安组以完善现有的井网系统为主,在有利部位部署新油井,将部分油井转注,同时打新注水井,采用点状注水开发,以保持地层压力,延 6 储层和延 9 储层的叠合部分考虑合采分注;延长组采用菱形反九点井网形式布井,先期注水,油井压裂投产。整个方案分 4 批实施,延安组新井分 2 批实施。

DB 区:根据鄂尔多斯盆地侏罗系油藏多年来的开发经验,结合延安组油藏的特点,确定延安组依据地层能量情况采用点状注水的开发方式,井距为 280～320 m,井网密度约为 11 口/km²;注水井射开阶段尽量选择在隔夹层以上,以提高注水利用率。

XAB 区:侏罗系延 9、延 10 储层为河道砂岩沉积,油藏规模较小,油层纵横向变化大,很难形成正规的面积注水井网。为了提高钻井成功率,延 9、延 10 储层通过三角形井网滚动布井的形式,采用不规则反九点注采井网。通过油藏工程方法计算得到,延 9 储层经济最佳井网密度为 12.8 口/km²,经济极限井网密度为 44.4 口/km²,合理井网密度为 23.3 口/km²;井网形式为菱形反九点注采井网,井排方向为北东 70°,井距为 520 m,排距为 130 m,井网密度为 12.8～16.0 口/km²。

延长组采用菱形反九点注采井网,井距为 500 m,排距为 125 m;软件模拟最优压裂半缝长为 75～150 m,加砂规模为 20～30 m³。

22)JB 采油厂

JB 采油厂目前井网密度为 7.16 口/km²,计算采收率为 16.91%;油井日平均产能为 1.21 t。菱形反九点注采井网合理井距为 450 m×150 m;合理注水强度为 2.42～6.53 m³/(m·d),平均为 4.47 m³/(m·d)。

2. 不同采油厂开发井网

对上述不同采油厂开发井网进行总结,见表 3-5。

由表 3-5 可知,目前各采油厂的注采井网仍不完善,注采井网以不规则反九点井网为主,亦存在单注单采、三角形注采井网、五点法注采井网、七点法注采井网等。由于地质的复杂性及钻井规划等原因,目前多数井网内部注采井数比与不规则反九点井网注采井数比之间有较大差距。

表 3-5　不同采油厂开发井网总结表

采油厂		主要井距/(m×m)	开发井网
东部	1　QLC	150×150	主要为不规则反九点注采井网,部分为不规则反五点或不规则反七点注采井网
	2　GGY	150×150	东部老区为三角形井网,井距150 m,实际井网密度35 口/km²;西部注水区为反九点丛式井矩形井网,井网密度42 口/km²
	3　QHB	200×200	长2主要为不规则正方形反九点注采井网,合理井网密度25.13 口/km²,合理井距156.5 m
	4　ZC	150×250	长2主要为不规则反九点法、反七点注采井网,井距210～230 m
	5　ZB	200×200	长6主要为正方形反九点注采井网,井距应控制在180～210 m之间
	6　CK	200×200	长6主要为反九点注采井网
	7　PL	220×160	长2井距250～300 m
	8　NNW	200×130	开发初期生产井距在90～150 m之间,井网密度为50 口/km²左右
	9　YW	250×200	GT区主要为不规则菱形井网,井距180～220 m,排距200 m;MW区采用不规则菱形井网,井距控制在200～250 m之间,排距200 m
	10　WJC	150×150	
	11　HS	250×200	长2以反九点注采井网为主,结合反七点注采井网,井网密度20 口/km²,井距180～230 m
	12　ZZ	220×110	
	13　QPC	160×160	分散的点状注水开发井网形式,注采井井距150～250 m
	14　WYB	200×200	长6主要为不规则反九点、反七点以及反五点的面积注水井网,井排距约250 m×250 m
西部	1　XQ	180×180	长2主要为反九点注采井网,井距90～368 m,平均230 m左右
	2　XCW	450×140	不规则反七点注采井网,井距150～300 m,变化范围大,平均250 m
	3　YN	520×150	长6¹和长6²合注单采,平均井距278 m,部分井距在300 m以上
	4　WQ	500×130	菱形反九点注采井网,经济最佳井网密度15.35 口/km²,优化井排距500 m×150 m
	5　ZL	150×350	不规则反九点注采井网,井距200～300 m,平均250 m
	6　XZC	300×225	长6采用约250 m的四点井网(可转为反四点/反七点井网)和480 m×175 m的菱形反九点井网
	7　DB	400×150	延安组部分油井转注,同时打新注水井,采用点状注水开发方式,井距280～320 m;延长组主要为菱形反九点注采井网,井距500 m,排距125 m
	8　JB	300×225	菱形反九点注采井网,合理井距450 m×150 m

3. 不同采油厂开发方式

对上述不同采油厂天然能量开发或注水开发方式进行总结,见表 3-6。由表 3-6 可知,目前各采油厂仍以天然能量开发为主,部分试验区进行了注水开发,包括超前注水、前期注水、后期注水等。

表 3-6　不同采油厂开发方式总结表

采油厂			开发方式	天然能量开发井比例/%	注水方式(超前/同期/后期)
东部	1	QLC	天然能量开发与后期注水开发均存在	89.5	同期
	2	GGY	西部地区油田以弹性溶解气驱为主,采用天然能量开采;早期注水、同步注水、后期注水都有试验区,其中早期注水效果最好	79.2	同期+超前
	3	QHB	天然能量开发与后期注水开发均存在	58.0	后期
	4	ZC	注水井均为油井转注,注水前采油时间长短不一	46.9	后期
	5	ZB	起初天然能量开发,后期注水开发	76.1	后期
	6	CK	优先射孔不压裂方式投注,以天然能量开采为主,部分为后期注水开发	74.6	后期
	7	PL	天然能量开发与后期注水开发均存在	34.7	后期
	8	NNW	天然能量开发与后期注水开发均存在	84.4	同期/后期
	9	YW	化学降黏冷采	36.8	后期
	10	WJC	天然能量开发与后期注水开发均存在	99.5	后期
	11	HS	天然能量开发与后期注水开发均存在	37.8	后期
	12	ZZ	天然能量开发与后期注水开发均存在	90.6	后期
	13	QPC	天然能量开发与后期注水(转注)开发均存在	57.2	后期
	14	WYB	天然能量开发与后期注水开发均存在	49.8	后期
西部	1	XQ	天然能量开发与后期注水开发均存在	24.4	后期
	2	XCW	天然能量开发、超前注水、后期注水均存在	58.1	同期/后期
	3	YN	天然能量开发、早期注水、注采同步、超前注水均存在	38.0	超前/同期/后期
	4	WQ	天然能量开发与后期注水开发均存在,进行重复压裂+转向压裂	62.3	同期/后期
	5	ZL	天然能量开发与笼统注水	71.9	超前/同期/后期
	6	XZC	天然能量开发与后期注水开发均存在	38.2	超前/同期/后期
	7	DB	天然能量开发与后期注水开发均存在	33.1	同期/后期
	8	JB	天然能量开发与后期注水开发均存在	41.7	同期

由表 3-6 中各采油厂天然能量开发井所占比例可知,目前 WJC 基本全部采用天然能量进行开发,所占比例达到 99.5%;其次为 ZZ,QLC 和 NNW,所占比例分别达到 90.6%,89.5% 和

84.4%;再次为 GGY,ZB,CK,ZL,所占比例介于70%～80%之间。相应的,WJC注水开发井所占比例最低,其次为 ZZ,QLC 和 NNW;而 XQ 注水开发井所占比例最高,达到75.6%,其次为 PL,YM,HS,YN,DB 和 XZC,注水开发井所占比例达到了60%～70%。

延长油田对天然能量开发和注水开发的探明面积、探明地质储量和可采储量进行了统计,结果如图3-1所示。

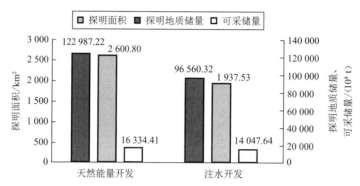

图3-1 延长油田天然能量开发和注水开发的探明面积、探明地质储量和可采储量

通过对鄂尔多斯盆地22个采油厂调研可知,注水开发和天然能量开发已接近1:1,但整体注水开发井所占比例仍偏低,目前仍以天然能量开发为主。其中,延长油田天然能量开发探明面积为2 600.80 km²,探明地质储量为122 987.22×10⁴ t,可采储量为16 334.41×10⁴ t;注水开发探明面积为1 937.53 km²,探明地质储量为96 560.32×10⁴ t,可采储量为14 047.64×10⁴ t。

4. 不同采油厂注水开发状况

对22个采油厂的注水开发状况、综合采出程度和注水区采出程度(截至2012年年底)、综合含水率和注水区含水率进行分析,结果见表3-7。

表3-7 延长油田不同采油厂注水开发状况

采油厂	综合采出程度/%	综合含水率/%	注水区采出程度/%	注水区含水率/%
QLC	4.8	21.3	5.00	62.8
GGY	6.1	58.8	6.90	82.4
QHB	5.6	65.1	5.80	80.0
ZC	6.4	73.8	7.87	87.0
ZB	2.8	78.0	3.93	88.0
CK	6.6	32.2	14.41	86.1
PL	3.9	80.0	3.71	89.6
NNW	7.2	29.7	3.23	72.7
YW	3.5	81.6	1.65	84.7

采油厂	综合采出程度/%	综合含水率/%	注水区采出程度/%	注水区含水率/%
WJC	4.5	34.6	4.74	60.0
HS	8.9	73.3	11.72	86.4
ZZ	2.5	85.0	1.15	86.9
QPC	4.1	83.8	2.02	88.0
WYB	4.9	76.9	2.99	85.2
XQ	7.1	57.1	5.08	80.0
XCW	3.9	84.3	4.13	85.1
YN	4.4	50.4	4.56	82.4
WQ	6.1	42.9	2.96	66.9
ZL	3.5	84.5	0.26	61.0
XZC	8.1	68.8	2.12	88.7
DB	3.8	57.9	2.82	81.3
JB	4.7	81.8	2.61	83.8

对比综合含水率和注水区含水率可知,除 ZL 采油厂注水区含水率低于综合含水率以外,其余采油厂注水区含水率均高于综合含水率。由此说明,注水开发除增加采油厂主力油层原油采出程度外,也增加了采油厂的油井含水率,使油井生产井况变差。因此,有必要开展相应的注水区储层治理与单井分析,摸清注水开发造成采油厂高含水的原因与治理方法,为提高延长油田整体开发效率与进一步扩大注水试验区奠定基础。

另外,由于各采油厂储层特征非均质和油藏分布多样化,因此各采油厂内部各区块的综合采出程度和注水区采出程度并不一致,部分区块开发程度较低,但也有部分区块达到了较高水平,为其他区块的后续开发奠定了开发示范基础。

整体而言,鄂尔多斯盆地各采油厂的综合采出程度和注水区采出程度偏低,油藏还有较大的开发潜力;但是油井含水率普遍偏高,有必要开展油水井综合治理,以提高天然能量开发和注水开发效率,改善油水井生产井况。

5. 三类裂缝性特低渗油藏在不同采油厂的开发状况

在分析不同采油厂综合原油采出程度和油井含水率后,对各采油厂分层系进行了开发状况分析,包括延 9、长 2、长 6 储层在各采油厂的采出程度和油井含水率。

各采油厂延 9 储层的含水率和采出程度见表 3-8。从表中可以看出,延 9 储层各油田含水率无明显升高,均小于 55%;采出程度方面,各采油厂均小于 6%。

各采油厂长 2 储层的含水率和采出程度见表 3-9。从表中可以看出,长 2 储层在西部的 WQ,XQ,JB 和 DB 采油厂含水率较低,在 45%～65% 之间,而在东部的采油厂含水率普遍较高,在 65%～85% 之间;采出程度方面,QHB 采油厂明显较高,达到 11.40%,而 NNW 较低,只有 0.90%。

表 3-8 各采油厂延 9 储层含水率和采出程度对比

采油厂	层 位	含水率/%	采出程度/%
WQ	延 9	50.0	4.81
DB	延 9	34.0	2.20
XCW	延 9	54.0	3.20
JB	延 9	44.0	4.10

表 3-9 各采油厂长 2 储层含水率和采出程度对比

采油厂	层 位	含水率/%	采出程度/%
YN	长 2	78.48	3.40
XZC	长 2	76.00	8.70
WQ	长 2	54.00	3.52
QPC	长 2	80.00	2.42
PL	长 2	90.00	6.30
NNW	长 2	65.00	0.90
HS	长 2	69.00	6.40
ZC	长 2	66.30	7.03
QHB	长 2	75.00	11.40
ZB	长 2	80.00	6.18
XCW	长 2	88.00	3.24
XQ	长 2	46.90	5.44
JB	长 2	55.00	4.10
DB	长 2	65.00	5.80

各采油厂长 6 储层的含水率和采出程度见表 3-10。从表中可以看出,长 6 储层整体含水率较低,普遍介于 20%～40%之间,其中 DB 和 XCW 采油厂含水率最低,小于 20%;QPC,HS 和 ZZ 采油厂含水率高于 80%;采出程度方面,各采油厂普遍介于 5%～9%之间,采出程度还有待提高,其中 WQ,PL 和 DB 采油厂较低,小于 1%。

表 3-10 各采油厂长 6 储层含水率和采出程度对比

采油厂	层 位	含水率/%	采出程度/%
YN	长 6	27.60	2.98
XZC	长 6	40.00	4.40
WQ	长 6	38.00	0.93
QPC	长 6	80.85	2.86
QLC	长 6	23.00	3.00

采油厂	层　位	含水率/%	采出程度/%
PL	长 6	70.00	0.51
NNW	长 6	40.00	5.00
HS	长 6	90.00	1.13
DB	长 6	10.00	0.50
CK	长 6	25.00	3.48
GGY	长 6	29.25	5.36
QHB	长 6	30.00	5.90
ZB	长 6	75.00	3.58
XQ	长 6	42.50	5.44
XCW	长 6	20.00	2.10
JB	长 6	55.00	4.10
ZZ	长 6	86.00	—

将延 9、长 2、长 6 储层在各采油厂的原油采出程度进行对比,可知长 2 储层采出程度整体高于延 9 和长 6 储层,分析认为长 2 储层的注水开发要早于延 9 储层,储层物性又好于长 6 储层。将延 9、长 2、长 6 储层在各采油厂的油井含水率进行对比,可知长 2 储层含水率整体高于延 9 和长 6 储层。延 9 储层油井一般处于中低含水期;长 2 储层油井一般处于中高含水期,仅少量采油厂处于低含水期;长 6 储层油井一般处于中低含水期,仅少量采油厂处于高含水期。

6. 剩余油分布描述

根据主力层系长 2、长 6、延 9 在不同采油厂的原油采出程度分布可知,延 9 储层采出程度普遍较低,其中 DB 采油厂与其他采油厂相比采出程度略低;长 2 储层在延长油田北部和东部,即陕北斜坡东部的大部分采油厂采出程度较高,南部及西南部的采油厂采出程度较低;长 6 储层不同采油厂的采出程度分布不均,在中部和西南部的采油厂采出程度普遍较低。

因此,就主力层系采出程度而言,剩余油在延长油田分布仍然非常广泛,目前重点应放在对油藏开发效果的提高上,努力增大死油区的原油波及,增加水驱区域的洗油效率,通过细化认识地层和水驱开发治理措施的应用,提高水驱开发效率,从而提高采出程度。

3.1.3　裂缝性特低渗油藏天然裂缝和人工裂缝发育规律

通过对 LD 和 JA 两大区块的裂缝分析发现,该区裂缝的分布具有成带性和连片性,这与区域内地应力场的分布及变化息息相关。另外,该区裂缝的走向具有较强的规律性。下面对整个盆地内延长组地层的裂缝发育情况进行评价,以找出全盆地的裂缝发育规律[151-156]。

1. 裂缝类型

LD 和 JA 区块所测十几口井的测井曲线显示,不同类型的裂缝有不同的响应特征。从电导率特征和异常检测结果来看,该区裂缝可分为以下三类:

第一类是构造缝,按裂缝倾角大小又可分为高角度缝(倾角>60°)和斜交缝(倾角为 30°～60°)。此类裂缝在粉砂岩中发育最多,砂岩段次之,泥岩段较少。

第二类是与泥岩失水收缩、围压改变有关的网状缝。此类裂缝常见于泥岩中。

第三类是低角度缝和水平缝。这类裂缝常顺着层理面发育,岩心资料统计表明,这类缝的缝宽为 0.5～2 mm,水平方向延伸一般为几毫米至几厘米。

在鄂尔多斯盆地延长组地层中,裂缝类型以高角度缝为主,其次是垂直缝和斜交缝。从北向南,斜交缝所占比例减小,而高角度缝增多。

2. 裂缝走向分布情况

由各区块的对比发现,盆地内 LD,JA,WQ,DB 和 AS 等地区主要发育一组北东东—南西西走向的裂缝,平均裂缝走向为 75°左右;同时还存在一组近南北向的裂缝,这组裂缝所占比例要比北东东向的小得多。另外,在 ZY,GCC 和 FX 地区还存在一组走向为 120°～160°的裂缝,平均走向为 140°,发育程度仅次于北东东向的裂缝。

根据邻区的天然裂缝发育特征,4930 油区天然裂缝延伸的方向大致为 70°。

3. 裂缝发育程度变化规律

从纵向上看,在盆地内延长组地层中,以长 6 层段裂缝密度最高,其次为长 2 层段,并按长 6—长 2—长 4+5—长 3—长 1 的顺序递减。

从横向上看,整个盆地内构造裂缝发育程度较低,即使在裂缝发育地区,最发育层段的裂缝密度也只有 0.2 条/m。总体上说,WQ 至 H152 井区、GCC 一带裂缝较发育,向东、西两侧裂缝密度减小。

3.2 裂缝性特低渗油藏注水开发中存在的问题及对策分析

通过对 3 个主力层系注水开发特征的分析,得到 3 个主力层系面临的主要问题及对策如下:

(1) 部分水井注入压力高,难达到配注。

从图 3-2 中可以看出,W314-4,W305,W308 三口水井视吸水指数低,注入压力偏高。分析可能原因及相应采取的对策如下:

原因一:水质不达标,水井存在堵塞。

① 部分区域的注入水为各种油田处理后污水,水处理难度大。

② 部分区域的注入水为地面淡水,矿化度低,造成一定程度的水敏损害。

③ 储层基质渗透率低,近井改造程度低,无法全面沟通天然裂缝。

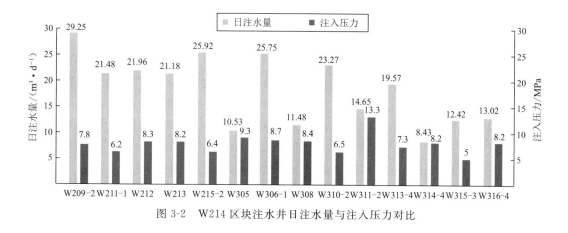

图 3-2　W214 区块注水井日注水量与注入压力对比

④ 其他原因造成的井筒近井地带堵塞,如悬浮物或腐蚀产物堆积、钻井造成的污染、固井造成的污染等。

相应采取的对策:

① 提高水处理水平,避免储层污染。

② 采取井筒及近井地带洗井、化学解堵、电爆震解堵、脉冲注水等近井处理措施。

③ 采取燃爆压裂、水力割缝改造措施,沟通天然裂缝,突破近井堵塞带。

原因二:注采层位不对应,区域油藏压力高。

① 各储层内均存在隔夹层,延 9 储层夹层频率为 0.21 层/m,长 2、长 6 储层内部平均存在 2～3 个厚度为 0.5～2.0 m 的不同发育范围的隔层。

② 大部分注采井打开范围小(2 m 左右),容易造成注采不对应。

③ 老区部分注水井为油井转注,本身注采层位对应率低。

相应采取的对策:分区块调整注采层位,提高注采对应率。

原因三:注采井距大,启动压力梯度大,近井憋压。

相应采取的对策:调整井网,优化油水井改造规模。

(2) 部分注水井注入压力低、吸液量大,吸水剖面不均。

原因一:老区部分水井为油井转注,存在大规模人工裂缝。

① 东部延长组老区井距为 150～200 m,油井压裂规模一般为 80～100 m,油井转注后,油水井存在较大窜流通道。

② 注入压力相对较高,造成天然裂缝张启,形成窜流通道。

相应采取的对策:

① 对存在人工裂缝的水井,进行人工裂缝封堵。

② 对存在天然裂缝窜流的水井,进行自适应深部复合调驱。

原因二:注水井固井质量欠理想,井漏。

相应采取的对策:水井堵漏。

(3) 油藏整体存在亏空,油藏压力水平低,部分油井不见效,产能低。

原因一:注采层位不对应,部分注水井达不到配注,井距大导致油井不受效。

例如，W209-2 井组注采层位为长 2_1^2，对应油井 215-6 的采出层位为 2_1^3，因此注采层位不对应。

原因二：注采井网不完善，注采比小。

注采井数比小（试验区平均油水井数比大于 3∶1），油藏欠注严重。例如，DB 某区油水井井数比超过了 10∶1，平均日产液 2 207.6 m³，日注水 600 m³，注采比严重失衡。

相应采取的对策：在控制水流突进的前提下，调整完善注采井网，提高注采比，补充地层能量。

（4）部分油井含水率上升迅速，油藏综合含水率高，但采出程度却较低。

原因一：存在人工裂缝或天然裂缝窜流通道，水驱波及系数小。

原因二：注采井距小，水流突进。

原因三：储层非均质严重，水驱波及系数小。

由延安组储层渗透率频率分布图（图 3-3）可知，延安组渗透率分布范围较大，且在不同范围内均有较高的频率分布，这反映了延安组储层较强的非均质性特点；由延长组长 6 油层组各亚油层组储层非均质参数（表 3-11）可知，长 6^1 和长 6^2 储层非均质性为中等，长 6^3 和长 6^4 储层非均质性较弱，长 6 整体储层非均质性为中等。储层内部的非均质性会导致高渗带水驱突进和低渗带原油滞留，影响整体水驱波及程度。另外，射孔打开程度不完善和夹层的分布也加剧了非均质性对水驱开发效果的提高。

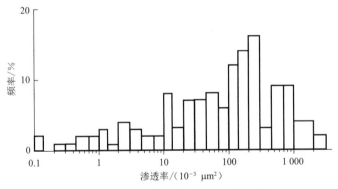

图 3-3　延安组储层渗透率频率分布图

表 3-11　长 6 油层组各亚油层组储层非均质参数

| 层　位 | 渗透率/($10^{-3}\mu m$) | | | | 非均质系数 | 变异系数 | 突进系数 | 级　差 | 评　价 |
	最小值 K_{min}	最大值 K_{max}	平均值 K_a	$S_w=50\%$时 K_{50}					
长 6^1	0.21	4.17	0.84	0.66	1.39	0.52	6.9	48	中　等
长 6^2	0.17	4.29	0.91	0.60	1.61	0.45	7.4	89	中　等
长 6^3	0.29	2.55	0.80	0.56	1.38	0.32	4.5	11	弱
长 6^4	0.12	0.88	0.36	0.30	1.21	0.41	2.7	28	弱
平　均	0.21	3.42	0.80	0.58	1.43	0.43	6.0	49	中　等

原因四:工作制度不合理。

由于油井产液量过高,导致近井地带压降过大,水相以较小的流度严重突进,导致油相渗透性变差,产油量降低。例如,WYB 和 DB 采油厂的部分油井产液量突然上升,分别达到 $4\sim5\ \mathrm{m^3/d}$ 和 $12\sim15\ \mathrm{m^3/d}$,分别高出其他油井及该井的正常生产液量达 $2\sim3\ \mathrm{m^3/d}$ 和 $7\sim10\ \mathrm{m^3/d}$。由注采历史动态可知,当这些油井进行大幅度提液时,油井含水迅速上升,产油量下降。

相应采取的对策:

① 对水井人工裂缝水窜井组进行水井人工裂缝封堵,然后通过燃爆或水力喷射开启新层。

② 对存在天然裂缝窜流的注水井实施自适应深部复合调驱。

③ 对存在隔夹层影响的井组,油井补孔压裂,水井燃爆改造。

④ 对洗油效率低的区域,采用高效表面活性剂驱油。

⑤ 调节控制工作制度,使油水井正常生产,使注入量或产液量勿产生剧烈波动。

综上所述,导致主力层系注水开发问题的原因主要包括 8 个方面,分别为井网不完善、水井堵塞、水井井漏、水井周围分布人工裂缝,水驱沿天然裂缝窜流,层间矛盾,隔夹层影响,层内纵向打开程度低,洗油效率低以及油水井工作制度不稳定。其中,主要因素包括层间矛盾、井网不完善、天然裂缝发育和人工裂缝分布影响、洗油效率低等,由于层间矛盾决定着水驱开发储层纵向来水,因此它对水驱开发的影响又优先于其他水驱影响因素。

治理对策包括油水井间纵向及平面对应和油水井层内治理改造两大方面。其中,油水井间纵向及平面对应可细分为平面上的井网调整、油水井补孔封层、水井分层注水等,以实现小层间精细注水;油水井层内治理改造又可以细分为低产井增产增注(包括储层改造、油水井压裂、高效化学驱油)、窜流高含水井降水增油(包括裂缝化学封堵、油藏深部自适应调驱、油井堵水等)、油水井平稳生产等。确定油水井间纵向及平面对应关系(即油水井间连通性)是有效治理油水井水驱开发的基础与关键,在此基础上进行油水井综合治理关键技术的有效实施。

对于部分已按原始井网类型布井完毕的注采井网,井网类型很难进行大规模改动,平面上的井网调整很难实施,只能对油藏部分未钻井区域尽可能进行新的井网调整或按原井网类型进行井网完善,因此油水井补孔封层对于该部分油藏治理尤为重要,它可以提高油水井层间对应率。由于 5 个试验区油井一般射开层位少、储层物性相近,因此多采用成本较低、易于管理的笼统注水方法;对于打开层位储层物性和吸水能力相差较大、层间相距较远的水井,在采油厂有能力的条件下建议采用分层注水(如 YN 采油厂部分水井射开小层层位),对物性差异较大的层采取分层注水;在确定油井来水方向以后,油井按照当前生产状况分类型进行不同方式的治理调整,并依此选择相应的治理关键技术。对于裂缝较为发育的储层,要做好裂缝水窜封堵;对于含底水的油藏,要做好油井底水水窜防治等。

对于不同主力油层,由于储层孔渗特征、裂缝发育水平、开发井网、纵向打开程度、射开层位等的差异,结合常用高含水区增油控水治理技术的应用特点和效果,建议长 2Ⅲa、长 2Ⅲb、长 6Ⅳa、延 9Ⅱb 类油藏治理顺序按表 3-12 实施。

表 3-12 主力油层油藏治理对策排序建议

油藏类型		长2Ⅲa	长2Ⅲb	长6Ⅳa	延9Ⅱb
治理方案排序	1	油水井开发层位精细认识	油水井开发层位精细认识	油水井开发层位精细认识	油水井开发层位精细认识
	2	井网调整—油井转注	井网调整—油井转注	井网调整—油井转注	井网调整—油井转注
	3	纵向打开层位调整	纵向打开层位调整	纵向打开层位调整	纵向打开层位调整
	4	天然裂缝和人工裂缝调堵	天然裂缝和人工裂缝调堵	天然裂缝和人工裂缝调堵	底水防治
	5	油水井增产增注	油水井增产增注	油水井增产增注	生产制度调节
	6	油井堵水	油井堵水	生产制度调节	油水井水窜调堵
	7	生产制度调节	生产制度调节	油井堵水	油水井增产增注
	8	未钻井区按理论井网布井	未钻井区按理论井网布井	未钻井区按理论井网布井	未钻井区按理论井网布井

第4章 裂缝性特低渗油藏井网优化与注采体系调整关键技术

由鄂尔多斯盆地主力油层组现有注采体系评价与剩余油分布规律研究结果可知,主力油层组开发调整所面临的问题主要包括层间开发问题和层内开发问题。对于层间开发问题,可以通过精细地层对比与划分来认识注采间开发矛盾,解决层位不对应引起的注水效率低的问题,这部分将在第5章5个试验区综合治理方案分析中涉及。层内开发问题包括层内平面开发问题和层内纵向开发问题。对于层内平面开发问题,可以通过调整井网、井密、二次或三次采油开发措施来实现原油平面波及系数和采出效率的提高;对于层内纵向开发问题,则可通过优化射孔方式、调整二次或三次采油开发措施来实现原油纵向波及系数和采出效率的提高。

对于主力油层的井网优化与开发调整,可通过以下系统的关键技术研究来予以解决:

首先,通过优化主力油层开发井网及改造规模理论,重新认识不同主力油层对应的合理井网类型、井网密度及射孔开发方式;

然后,在此基础上通过优化主力油层综合治理油藏工程方案,对不同类型主力油层注水开发过程中所对应的合理水驱方式、压裂增产方式、高含水期调堵方式、化学驱增效方式等进行优化研究。

4.1 裂缝性特低渗油藏开发井网及改造规模理论优化

在地质分类基础上,针对分布于3个主力油层的不同类型的裂缝性特低渗油藏,借助油藏工程和数值模拟研究方法,给出每一类油藏的合理井网密度和井网类型,从而为实际油藏开发井网的针对性调整及油田合理布井提供理论依据。

4.1.1 长2Ⅲa类油藏开发井网及改造规模优化

首先通过油藏工程方法和数值模拟方法对长2Ⅲa类油藏开发井网及改造规模进行优化研究,确定长2Ⅲa类油藏的合理井网密度与井网类型、射孔方式和压裂规模。

1. 开发井网油藏工程方法研究

1）井网密度计算方法

（1）合理井网密度。

相关资料显示，合理的井网密度应以经济效益为中心，适应油层的分布特征，使单井控制一定储量，水驱控制程度达到80％以上，水驱动用程度达到70％以上，注入水能够发挥有效的驱替作用，生产井能见到较好的注水效果，保持较长时间的稳产[157-164]。

合理井网密度与经济指标，特别是国民经济发展对采油速度的需要密切相关。合理井网密度计算公式为：

$$S = (1+B)v_0 N/(q_0 T_y A)$$

式中　S——合理井网密度，口/km²；

　　　B——注采井数比；

　　　v_0——采油速度，％；

　　　N——地质储量，t；

　　　q_0——平均单井产量，t/d；

　　　T_y——年有效生产时间，d；

　　　A——含油面积，km²。

（2）经济极限井网密度。

根据低渗透油田的地质特点，一般井距越小，井网越密，开发效果越好，最终采收率越高，但同时需要考虑经济效益。井网太密，钻井过多，会使经济效益变差，随着井网加密，开发油田的总投资也在增加。总产出减去总投资，即总利润。总利润是随着井网密度而变化的，当总利润达到最大值时，经济效益最佳，此时所对应的井网密度就是合理井网密度[165-170]。当总产出等于总投入，即总利润等于零时，其所对应的井网密度就是经济极限井网密度，计算公式为：

$$S_{min} = d_0(P-Q)NE_R/[(I_D + I_B)(1+R)^{T/2}A]$$

式中　S_{min}——经济极限井网密度，口/km²；

　　　d_0——原油商品率，小数；

　　　P——原油销售价格，元/t；

　　　Q——原油成本，元/t；

　　　N——原油地质储量，10⁴t；

　　　E_R——采收率，小数；

　　　I_D——平均单井钻井投资（射孔、压裂等），10⁴元/口；

　　　I_B——平均单井地面建设（系统工程矿建等）投资，10⁴元/口；

　　　R——投资贷款利率，小数；

　　　T——开发评价年限，年。

（3）"加三分差"法计算合理实用井网密度。

根据延长油田特低渗油藏的地质特点，采用李道品推荐的"加三分差"法计算合理实用

井网密度,即在合理井网密度的基础上,加上合理井网密度与经济极限井网密度差值的三分之一,即

$$S_r = S_b + \frac{1}{3}(S_m - S_b)$$

式中　S_r——合理实用井网密度,口/km²;

　　　S_b——合理井网密度,口/km²;

　　　S_m——经济极限井网密度,口/km²。

2) 长 2Ⅲa 类油藏井网密度

根据以上井网密度油藏工程方法,参考不同主力油层油藏类型基础参数,计算得到不同井网类型对应的井网密度,见表 4-1。

表 4-1　长 2Ⅲa 类油藏对应井网密度油藏工程方法计算结果

井网类型	注采井数比	合理井网密度 /(口·km⁻²)	经济极限井网密度 /(口·km⁻²)	"加三分差"法计算的 合理实用井网密度 /(口·km⁻²)
五点法	1:1	25.13		34.33
七点法	1:2	18.85	52.74	30.15
九点法	1:3	16.75		28.75

由上述油藏工程方法计算结果可知,长 2Ⅲa 类油藏五点法、七点法、九点法井网技术合理井网密度分别为 25.13 口/km²,18.85 口/km² 和 16.75 口/km²。

2. 开发井网与改造规模数值模拟

根据鄂尔多斯盆地各主力油层油藏类型基础参数,建立油藏理想地质模型,通过研究不同井网类型和井网密度下的油藏原油采出程度,得到各主力油层最优的开发井网类型、井网密度、压裂改造规模参数等。在布井方式模拟优化研究前,还需要确定油水井纵向打开程度,分析由层内射孔对应关系导致的注采效率问题,解决层内纵向打开不完善问题。

1) 数值模拟研究所需参数

(1) 模型大小与网格划分。

油水井井距为 250 m,油、水井均压裂,油井压裂半缝长为 85 m,水井压裂半缝长为 25 m。

(2) 储层物性参数。

长 2Ⅲa 类油藏平均孔隙度为 14.85%,平均渗透率为 $11 \times 10^{-3} \mu m^2$,天然裂缝发育以北东向、近东西向为主,人工裂缝导流能力为 $110 \times 10^{-3} \mu m^2$。长 2Ⅲa 类储层油藏平均埋深为 842.5 m,平均原始地层压力为 6.5 MPa,平均地层温度为 34.5 ℃。

(3) 流体 PVT 性质。

长 2Ⅲa 类油藏流体 PVT 参数见表 4-2。

表 4-2　长 2Ⅲa 类油藏流体 PVT 参数

地层原油密度/(g·cm⁻³)	地层原油黏度/(mPa·s)	地层原油体积系数	地层原油压缩系数/(MPa⁻¹)	地层水黏度/(mPa·s)	地层水压缩系数/(MPa⁻¹)	岩石压缩系数/(MPa⁻¹)	泡点压力/MPa
0.85	3.5	1.036	0.000 2	1.0	0.000 05	7.4×10⁻⁵	0.714

（4）相渗曲线。

长 2Ⅲa 类油藏油水相渗曲线如图 4-1 所示。

（5）采油速度。

根据鄂尔多斯盆地采油厂实际开采资料,模拟过程中初始采油速度定为 0.8%。

利用上述参数建立五点法注采模型,模型的模拟区大小为 505 m×505 m,网格节点数为 101×101×3,研究一个注采单元内的原油波及情况,如图 4-2 所示。

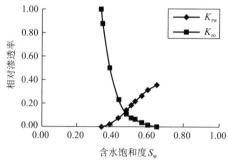
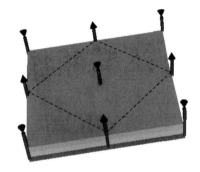

图 4-1　油水相渗曲线　　　　　图 4-2　五点法注采模型

2）油藏射孔方式优化研究

油藏射孔方式优化包括射孔位置、射孔厚度和射孔深度。射孔深度可通过表皮系数来反映,在一定的射孔仪器和射孔密度下,该参数可认为基本不变,因此这里仅考虑射孔位置和射孔厚度的优化。

（1）射孔位置优化。

通过文献调研可知,油层常用射孔厚度为油层的 1/3~2/3;对不同的油藏类型,射孔位置和射孔厚度的具体值存在差异。射孔位置优化时,首先改变射孔方式,分析不同射孔方式对原油采收率的影响。射孔方式包括生产井和注水井都射开油层的上部 2/3、生产井和注水井分别射开油层的上部 2/3 和下部 2/3、生产井和注水井都射开油层的下部 2/3。油井含水率达到 80% 时,射孔打开位置对原油采出程度的影响如图 4-3 所示。

油井含水率达到 80% 时,3 种射孔方式下注采单元采出程度分别为 15.16%,14.25% 和 13.67%,这表明在实际油藏注水过程中,随着水驱时间的延长,重力和裂缝对水驱的影响逐渐增大,水驱波及系数受到限制;当生产井和注水井都射开油层上部时,采出效果较好,因此射孔方式选取生产井和注水井均射开上部储层。

（2）射孔厚度优化。

在上述优化基础上,改变射孔厚度即油层打开程度,分析不同射孔厚度(包括油层厚度的 1/3,1/2,2/3 及全打开)对原油采出程度的影响,模拟结果如图 4-4 所示。由图 4-4 可知,对于长 2Ⅲa 类油藏,油层打开程度越大,采出程度相对越高。一般情况下为了降低油井近井带水淹程度,打开储层上部即可,由于实际油层含有较多泥质夹层,厚度较薄,因此油层可以采用将油藏各小层全部打开或者打开 2/3 的方式。

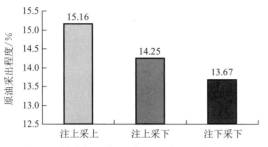

图 4-3　射孔打开位置对原油采出程度的影响　　图 4-4　油层打开程度对原油采出程度的影响

3) 油藏井网类型优选

对比不同井网类型的水驱规律、开发曲线变化趋势,以最终采收率为优选的标准。

(1) 不同井网类型模型的建立。

模型的模拟区大小为 755 m×505 m×15 m,网格节点数为 151×101×3,井距为 250 m,油水井均压裂,油井压裂半缝长为 85 m,水井压裂半缝长为 25 m。根据实际资料,保持区域模型井网密度不变,设计 4 种井网形式,分别为五点、反七点、反九点和菱形反九点,其中五点、反九点井网的压裂裂缝沿井排的对角线方向,反七点、菱形反九点井网的压裂裂缝沿井排方向,所建模型如图 4-5 所示。模拟过程中,保证注入量一致,且注采平衡。

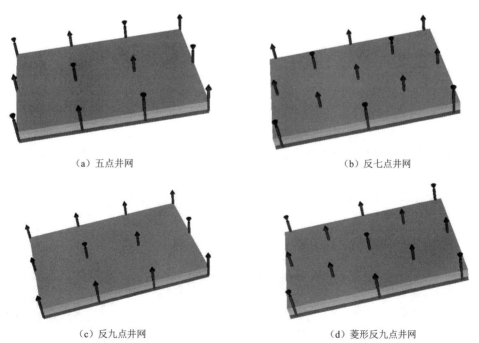

（a）五点井网　　　　　　　　　　　　　　　（b）反七点井网

（c）反九点井网　　　　　　　　　　　　　　（d）菱形反九点井网

图 4-5　不同井网类型模型

(2) 开发指标对比。

图 4-6 所示为不同井网采出程度与含水率关系曲线。由图可知,当裂缝对应角井含水率达到 90％时,模拟区块的五点、反九点、反七点和菱形反九点井网的最终采收率分别为 15.15％,15.46％,15.72％和 16.02％。其中,菱形反九点井网的见水时间最早,但随着开采时间的延长,其含水上升速度下降,其次是反九点井网;后期菱形反九点含水较反七点、反九点及五点井网低,且最终采收率最高;五点法井网虽见水时间很晚,但最终采收率最低,这表明裂缝性油藏水驱时注入水沿裂缝窜流速度较快,布井时应尽可能地使油水井连线与裂缝方向成一定夹角;当角井与水井连线方向与裂缝方向相同时,角井与水井连线距离相对增大,可以降低水驱的水淹时间,从而增加整体区块的水驱波及系数。综合而言,建议选用菱形反九点井网。

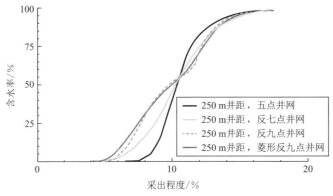

图 4-6　不同井网采出程度与含水率关系

(3) 剩余油分布规律对比。

通过模拟对比各布井井网类型在含水率为 0,80％,95％时的剩余油分布,总结出剩余油的分布特点,分析得到造成开发效果差异的原因为:随着注采井数比的减少,水驱波及前缘到达油井的时间延长,从而降低了水窜程度,扩大了水驱整体开发效率及波及系数;当沿裂缝方向油水井距离相对增大时,可以起到延迟水窜的作用,水驱有效波及面积增大,死油区面积和死油区含油饱和度整体降低。

从剩余油分布图(图 4-7～图 4-10)上也可以看出,采用菱形反九点井网开发效果最优。由于井排方向与压裂裂缝方向一致,在井网较长对角线上的油井能够获得更好的受效,有利于降低水窜及含水上升速度,增大注入水波及范围,减小剩余油富集区,提高最终采收率。

图 4-7　五点井网水淹趋势(含水率为 0,80％,95％)

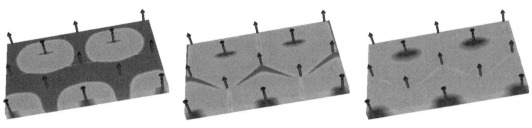

图 4-8　反七点井网水淹趋势(含水率为 0,80%,95%)

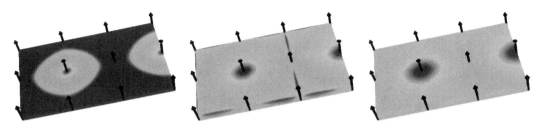

图 4-9　反九点井网水淹趋势(含水率为 0,80%,95%)

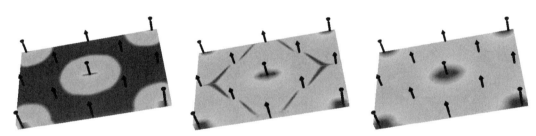

图 4-10　菱形反九点井网水淹趋势(含水率为 0,80%,95%)

4) 油藏井距排距比优选

由数值模拟研究优选可知,菱形反九点注采井网更适合长 2Ⅲa 类油藏。在此基础上,对线状注水的井距排距比进行优选,优选方案包括井距排距比为 1∶1,4∶3,3∶2,2∶1,3∶1 和 4∶1。通过对比不同井距排距比下的最终采收率,优选最优井距排距比。

(1) 模型的建立。

布井方式如图 4-5(d)所示,固定井距为 250 m,建立不同井距排距比下的模型如下:

① 井距排距比为 1∶1,模型的模拟区大小为 755 m×505 m,网格节点数为 151×101×3,井距为 250 m,排距为 250 m。

② 井距排距比为 4∶3,模型的模拟区大小为 755 m×385 m,网格节点数为 151×77×5,井距为 250 m,排距为 187.5 m。

③ 井距排距比为 3∶2,模型的模拟区大小为 755 m×335 m,网格节点数为 151×67×5,井距为 250 m,排距为 166.7 m。

④ 井距排距比为 2∶1,模型的模拟区大小为 755 m×255 m,网格节点数为 40×51×5,井距为 250 m,排距为 125 m。

⑤ 井距排距比为 3∶1,模型的模拟区大小为 755 m×165 m,网格节点数为 40×33×5,井

距为250 m,排距为83.3 m。

⑥ 井距排距比为4∶1,模型的模拟区大小为755 m×125 m,网格节点数为40×25×5,井距为250 m,排距为62.5 m。

（2）开发指标对比。

不同井距排距比下含水率与采出程度的关系曲线如图4-11所示。不同井距排距比下角井含水率达到90%时模拟区块的最终采收率曲线如图4-12所示。

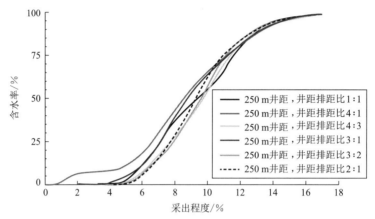

图4-11　不同井距排距比下含水率与采出程度关系

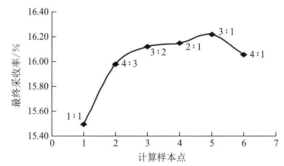

图4-12　不同井距排距比下角井含水率为90%时的最终采收率

由图4-11和图4-12可知,井距排距比为3∶1时,最终采收率最高,但见水时间较早,含水上升速度较快;当井距排距比为3∶2和2∶1时,最终采收率相当,都相对较高,见水时间较晚,但井距排距比为2∶1时的后期含水上升速度较快;当井距排距比为4∶3和4∶1时,最终采收率相对偏低,且由于井距排距比为4∶1的排距太小,见水时间明显太早;当井距排距比为1∶1时,见水时间稍晚,含水上升速度慢,但最终采收率太低。因此,推荐选用的井距排距比为3∶2。

5）油藏井距优选

在优选出的最优井距排距比的基础上,优选注水井井距。参考油藏工程方法计算井距和实际井距,优选的方案包括注水井井距为210 m,225 m,240 m,255 m,270 m和300 m,共6种方案。通过对比不同注水井井距条件下的最终采收率,优选最佳注水井井距。

（1）模型的建立。

布井方式如图 4-5（d）所示，井距排距比为 3 : 2，建立不同井距下的模型如下：

① 井距为 210 m，排距为 140 m，模型的模拟区大小为 785 m×305 m，网格节点数为 157×61×3。

② 井距为 225 m，排距为 150 m，模型的模拟区大小为 845 m×325 m，网格节点数为 169×65×3。

③ 井距为 240 m，排距为 160 m，模型的模拟区大小为 905 m×345 m，网格节点数为 181×69×3。

④ 井距为 255 m，排距为 170 m，模型的模拟区大小为 965 m×365 m，网格节点数为 193×73×3。

⑤ 井距为 270 m，排距为 180 m，模型的模拟区大小为 1 005 m×385 m，网格节点数为 201×77×3。

⑥ 井距为 300 m，排距为 200 m，模型的模拟区大小为 1 125 m×425 m，网格节点数为 225×85×3。

（2）开发指标对比。

从图 4-13 可以看出，井距排距比为 3 : 2 时，随着井距的增大，最终采收率先上升后下降，见水时间逐渐延长，但延长的幅度逐渐减小。出现这种现象主要是由于井距越小，油井越容易见水，从而降低最终采收率；井距过大，则会降低井网单元远处角井的受效，导致水驱波及系数降低，最终采收率下降。由图可知，井距为 240 m 时最终采收率相对较高，无水采收率较高，若井距再增加，最终采收率会迅速下降，考虑到经济因素，选用 240 m 井距和 160 m 排距。

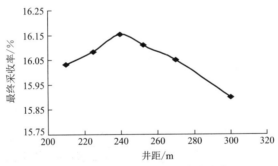

图 4-13　不同井距下的最终采收率

6）油藏压裂裂缝半缝长优选

在最优长 2Ⅲa 类油藏井网井距和井网类型基础上，对长 2 低渗、特低渗储层进行压裂改造措施参数模拟，确定在菱形反九点井网井距 240 m 和排距 160 m 条件下的压裂裂缝半缝长，从而对油藏增产工艺设计进行指导。

（1）模型的建立。

模型的模拟区大小为 905 m×345 m，网格节点数为 181×69×3，布井方式如图 4-5（d）所示，井距 240 m，排距 160 m，裂缝沿菱形反九点井网的长对角线方向。根据现场实际资料，设置半缝长分别为 45 m，65 m，70 m，85 m，95 m，105 m 和 120 m。

（2）开发指标对比。

从图 4-14 和图 4-15 中可以看出，随着半缝长的增大，最终采收率先缓慢上升，再迅速下降。这主要是由于半缝长过短，井网单元的角井较难受效，离水井较近的油井易于见水，从而降低最终采收率；而半缝长过长，见水时间会大幅度提早，从而降低最终采收率。当半缝长为 70 m 时，无水采收率和最终采收率最高，含水上升缓慢，因此选用半缝长为 70 m，即半缝长和边井与注水井井距比为 1：4～1：3、半缝长和排距比为 1：2.5～1：2 之间时压裂增产效果最优。

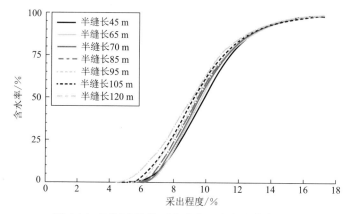

图 4-14　不同半缝长下的采出程度与含水率关系

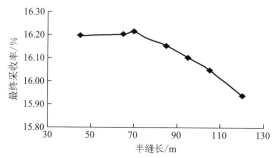

图 4-15　不同半缝长下的最终采收率

7）模拟优化结果

通过上述研究，即可得到长 2Ⅲa 类油藏井网和改造规模优化参数，见表 4-3。可以将优化结果与实际长 2Ⅲa 类油藏井网和压裂参数进行对比，从而发现实际井网与优化结果之间的差距，为 5 个试验区综合治理方案分析奠定基础。

表 4-3　长 2Ⅲa 类油藏综合治理工程方案模拟结果

射　孔	井网类型	井距排距比	井距/m	压裂裂缝半缝长/m	布井方向
上部 2/3	菱形反九点	3：2	240	70	压裂裂缝方向和角井与水井的连线方向相同

4.1.2　长 2Ⅲb 类油藏开发井网及改造规模优化

1. 开发井网油藏工程方法分析

根据长 2Ⅲb 类油藏基础参数,计算得到不同井网类型对应的井网密度见表 4-4。

表 4-4　长 2Ⅲb 类油藏对应井网密度油藏工程方法计算结果

井网类型	注采井数比	合理井网密度 /(口・km^{-2})	经济极限井网密度 /(口・km^{-2})	"加三分差"法计算的 合理实用井网密度 /(口・km^{-2})
五点法	1:1	32.52		44.43
七点法	1:2	24.39	68.26	39.01
九点法	1:3	21.68		37.21

由上述油藏工程方法计算结果可知,长 2Ⅲb 类油藏五点法、七点法、九点法井网技术合理井网密度分别为 32.52 口/km^2,24.39 口/km^2 和 21.68 口/km^2。

2. 开发井网与改造规模数值模拟

长 2Ⅲb 类油藏平均孔隙度为 12.53%,平均渗透率为 $3 \times 10^{-3}~\mu m^2$;天然裂缝发育以北东向、近东西向为主;油井压裂裂缝半缝长为 85 m,水井压裂裂缝半缝长为 25 m,裂缝导流能力选择为 $110 \times 10^{-3}~\mu m^2$。长 2Ⅲb 类油藏平均埋深为 800 m,平均原始地层压力为 5.5 MPa,平均地层温度为 31 ℃。长 2Ⅲb 类油藏流体 PVT 参数见表 4-5。

表 4-5　长 2Ⅲb 类油藏流体 PVT 参数

地层原油 密度 /(g・cm^{-3})	地层原油 黏度 /(mPa・s)	地层原油 体积系数	地层原油 压缩系数 /(MPa^{-1})	地层水 黏度 /(mPa・s)	地层水 压缩系数 /(MPa^{-1})	岩石 压缩系数 /(MPa^{-1})	泡点压力 /MPa
0.85	3.5	1.035	0.000 2	1.0	0.000 05	7.4×10^{-5}	0.714

模型的模拟区大小为 755 m×505 m×15 m,网格节点数为 151×101×3,选择初始井距为 250 m。

与长 2Ⅲa 类油藏井网优化研究方法相同,根据长 2Ⅲb 类油藏基础参数,优化得到长 2Ⅲb 类油藏最优布井方案,方案包括射孔方式、布井方式、压裂裂缝半缝长等(表 4-6)。

表 4-6　长 2Ⅲb 类油藏综合治理工程方案模拟结果

射　孔	井网类型	井距排距比	井距/m	压裂裂缝 半缝长/m	布井方向
上部 2/3	菱形反九点	3:2	210	70	压裂裂缝方向和角井与 水井的连线方向相同

4.1.3 长 6Ⅳa 类油藏开发井网及改造规模优化

1. 开发井网油藏工程方法分析

由油藏工程方法计算结果(表 4-7)可知,长 6Ⅳa 类油藏五点法、七点法、九点法井网技术合理井网密度分别为 50.29 口/km², 37.72 口/km² 和 33.53 口/km²。

表 4-7 长 6Ⅳa 类油藏对应井网密度油藏工程方法计算结果

井网类型	注采井数比	合理井网密度 /(口·km⁻²)	经济极限井网密度 /(口·km⁻²)	"加三分差"法计算的合理实用井网密度 /(口·km⁻²)
五点法	1:1	50.29		61.68
七点法	1:2	37.72	84.46	53.30
九点法	1:3	33.53		50.51

2. 开发井网与改造规模数值模拟

长 6Ⅳa 类油藏平均孔隙度为 9.52%,平均渗透率为 $0.6 \times 10^{-3} \mu m^2$;天然裂缝发育以北东向、近东西向为主;油井压裂裂缝半缝长为 70 m,水井压裂裂缝半缝长为 25 m,裂缝导流能力选择为 $110 \times 10^{-3} \mu m^2$。长 6Ⅳa 类油藏平均埋深为 900 m,平均原始地层压力为 8.0 MPa,平均地层温度为 37.5 ℃。长 6Ⅳa 类油藏流体 PVT 参数见表 4-8。

表 4-8 长 6Ⅳa 类油藏流体 PVT 参数

地层原油密度 /(g·cm⁻³)	地层原油黏度 /(mPa·s)	地层原油体积系数	地层原油压缩系数 /(MPa⁻¹)	地层水黏度 /(mPa·s)	地层水压缩系数 /(MPa⁻¹)	岩石压缩系数 /(MPa⁻¹)	泡点压力 /MPa
0.83	5.7	1.036	0.000 63	1.0	0.000 05	7.4×10^{-5}	1.47

模型的模拟区大小为 605 m×405 m×20 m,网格节点数为 121×81×4,选择初始井距为 200 m。

与长 2Ⅲa 类油藏井网优化研究方法相同,根据长 6Ⅳa 类油藏基础参数,优化得到长 6Ⅳa 类油藏最优布井方案,方案包括射孔方式、布井方式、压裂裂缝半缝长等(表 4-9)。

表 4-9 长 6Ⅳa 类油藏综合治理工程方案模拟结果

射 孔	井网类型	井距排距比	井距/m	压裂裂缝半缝长/m	布井方向
上部 2/3	菱形反九点	3:2	160	60	压裂裂缝方向和角井与水井的连线方向相同

4.1.4　延 9Ⅱb 类油藏开发井网及改造规模优化

1. 开发井网油藏工程方法分析

由油藏工程方法计算结果(表 4-10)可知,延 9Ⅱb 类油藏五点法、七点法、九点法井网技术合理井网密度分别为 17.63 口/km²,13.22 口/km² 和 11.75 口/km²。

表 4-10　延 9Ⅱb 类油藏对应井网密度油藏工程方法计算结果

井网类型	注采井数比	合理井网密度 /(口·km⁻²)	经济极限井网密度 /(口·km⁻²)	"加三分差"法计算的 合理实用井网密度 /(口·km⁻²)
五点法	1:1	17.63		26.55
七点法	1:2	13.22	44.40	23.61
九点法	1:3	11.75		22.63

2. 开发井网与改造规模数值模拟

延 9Ⅱb 类油藏平均孔隙度为 15.28%,平均渗透率为 $30 \times 10^{-3} \mu m^2$;天然裂缝发育较少,因此模型为规则井网;油层大部分井采用不压裂方式直接射孔投产,部分油水井由于产量或注入量较低而采用压裂投产。延 9Ⅱb 类油藏平均埋深为 1 500 m,平均原始地层压力为 11.5 MPa,平均地层温度为 55.46 ℃。延 9Ⅱb 类油藏流体 PVT 参数见表 4-11。

表 4-11　延 9Ⅱb 类油藏流体 PVT 参数

地层原油 密度 /(g·cm⁻³)	地层原油 黏度 /(mPa·s)	地层原油 体积系数	地层原油 压缩系数 /(MPa⁻¹)	地层水 黏度 /(mPa·s)	地层水 压缩系数 /(MPa⁻¹)	岩石 压缩系数 /(MPa⁻¹)	泡点压力 /MPa
0.82	2.75	1.063	0.000 91	1.0	0.000 05	7.4×10^{-5}	1.82

模型的模拟区大小为 905 m×605 m×15 m,网格节点数为 181×121×3,选择初始井距为 300 m。

与长 2Ⅲa 类油藏井网优化研究方法大致相同,不同之处在于延 9Ⅱb 类油藏模拟模型中分两种情况进行生产,一种为油井压裂投产,另一种为直接射孔投产。根据延 9Ⅱb 类油藏基础参数,最终优化得到延 9Ⅱb 类油藏最优布井方案,方案包括射孔方式、布井方式、压裂裂缝半缝长等(表 4-12)。由于延 9 可能含有底水,但边底水能量较弱,因此建议油水井射开储层上部的 1/3～1/2。

直接射孔投产最佳井网类型为反九点规则井网,井距约为 150 m;压裂投产最佳井网类型为反九点,井距约为 270 m,压裂裂缝半缝长优选为 100 m,布井方向为压裂裂缝方向和角井与水井的连线方向相同。DB-4930 试验区油水井井距为 200～300 m,油水井压裂投产和未压裂投产井比例接近 1:1,而且由于未压裂注采井生产后期效果逐渐变差,有越来越多的井进行压裂改造,因此延 9 储层也适合进行压裂投产。

表 4-12　延 9 Ⅱ b 类油藏综合治理工程方案模拟结果

射　孔	直接射孔投产			压裂投产				
	井网类型	井距排距比	井距/m	井网类型	井距排距比	井距/m	压裂裂缝半缝长/m	布井方向
上部 1/3～1/2	反九点	1∶1	150	反九点	1∶1	270	100	压裂裂缝方向和角井与水井的连线方向相同

4.2　裂缝性特低渗油藏综合治理油藏工程方案优化

在通过优化研究得到长 2、长 6 和延 9 裂缝性特低渗油藏最佳井网和压裂改造模型参数的基础上，对各主力油层不同油藏类型所应采取的水驱开发模式及后续调整治理方案进行研究，为提高实际油藏水驱开发效率及有效治理高含水期提供相应方案。裂缝性特低渗油藏综合治理油藏工程方案优化包括最佳井网下的水驱开发方式优化、高含水期调堵治理优化、高效增油方式优化及油井严重水淹后的井网调整优化。下面根据各油层特点进行综合治理油藏工程方案优化研究。

4.2.1　长 2 Ⅲ a 类油藏综合治理方案数值模拟

数值模型大小和井网类型、井网密度、裂缝缝长等采用上述优化研究结果，其他参数如油藏岩石、流体物性及储层基本参数参照主力油层渗流特征。

1. 最佳井网下的水驱开发方式优化

最佳井网下的水驱开发方式优化包括注水强度优化、注采比优化和水驱效果分析。

1）注水强度优化

在相同的压力上升水平、不同注水强度下，水侵方式不同，则见水时间不同，最终采收率不同，因此需要对注水强度进行优选。通过对比各注水强度下的最终采收率，可优选出最佳注水强度。

（1）模型的建立。

模型的模拟区大小为 905 m×345 m，网格节点数为 181×69×3，布井方式如图 4-5(d) 所示，井距 240 m，排距 160 m，裂缝沿菱形反九点井网的长对角线方向，半缝长为 70 m。设置注水强度分别为 0.95 m³/(d·m)，1.14 m³/(d·m)，1.33 m³/(d·m)，1.52 m³/(d·m)，1.71 m³/(d·m)，1.90 m³/(d·m)，2.09 m³/(d·m) 和 2.28 m³/(d·m)，注采比为 1∶1。

（2）开发指标对比。

由图 4-16 可以看出，采出程度随注水强度的增大而增大；当注水强度大于 2.09 m³/(d·m) 以后，采出程度增幅变化很小，说明合理的注水强度范围在 2.09 m³/(d·m) 附近，因此优选的注水强度为 2.09 m³/(d·m)。

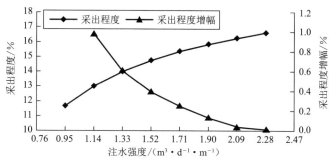

图 4-16　不同注水强度下的采出程度及其增幅

2）注采比优化

注采比不同会对地层能量补充及驱替压力产生影响,造成低渗油藏渗透能力的变化,导致最终采收率不同,因此需要对注采比进行优选。通过对比不同注采比下的最终采收率,优选最佳注采比。

(1) 模型的建立。

模型的模拟区大小为 905 m×345 m,网格节点数为 181×69×3,井距 240 m,排距 160 m,裂缝沿菱形反九点井网的长对角线方向,半缝长为 70 m。在前期优化注水强度 2.09 m³/(d·m)的基础上,分别取不同的注采比 1.0,1.02,1.03,1.04,1.06,1.08,1.1,1.2,1.3,1.4 和 1.5 模拟生产 1 年,在压力恢复到不同的水平后将注采比改为 1.0,保持该压力生产,模拟计算 8 年,并将保持目前地层压力生产作为对比方案。

(2) 开发指标对比。

由图 4-17 可以看出,注采比在 1.02～1.03 范围内,采出程度较高。分析认为,当压力保持水平较低时,出现供液不足情况,导致液量上升速度变缓,采出程度降低;而较高的压力保持水平使得注采压差过大,加速天然裂缝与人工裂缝的沟通,导致油井水淹加快,采出程度降低。

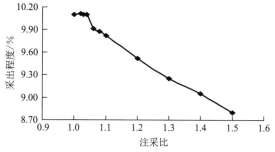

图 4-17　不同注采比下的采出程度

3）水驱效果分析

在得到最优注水强度和注采比的基础上,分析该条件下单个注采单元和边井、角井的生产状况,结果如图 4-18～图 4-20 所示。

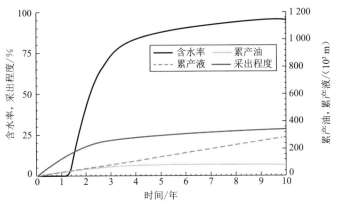

图 4-18 注采单元水驱累产液、累产油、含水率及采出程度变化曲线

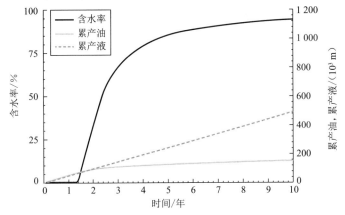

图 4-19 边井水驱累产液、累产油及含水率变化曲线

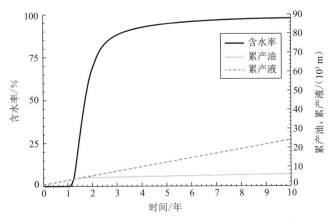

图 4-20 角井水驱累产液、累产油及含水率变化曲线

由图 4-18～图 4-20 可以看出,水驱开始后 1.1 年角井见水,1.3 年边井见水;此后再生产到第 7 年,油井平均含水 91%,角井含水 95.5%,边井含水 87%;第 7 年后继续生产,采出程度增幅明显降低,若不采取措施,后期的开发效果将逐渐变差,采出程度几乎不再增加。

2. 油井堵水方案优化

高含水期油水井治理包括油井堵水和水井调驱两种治理方法,分别对两种方法进行优化研究,最后确定相应的最佳注入工艺。

为提高水驱效果,减少油井水窜,当油井含水较高时,对油井裂缝进行堵水,以提高水驱波及系数。

1)油井堵水位置优选

(1)模型的建立。

模型的模拟区大小为 905 m×345 m,网格节点数为 181×69×3,布井方式如图 4-5(d)所示,井距 240 m,排距 160 m,裂缝沿菱形反九点井网的长对角线方向。当角井含水率为 90% 时,分别对裂缝前 1/3(靠近井筒)、中部 1/3、后 1/3(远离井筒)、前 2/3(靠近井筒)、后 2/3(远离井筒)进行封堵。

(2)开发指标对比。

由图 4-21 和图 4-22 可知,对油井进行封堵后,原油采出程度得到提高,角井含水率明显下降。其中封堵后 2/3 的最终采收率最高,为 19.18%,前期含水降低最多;后 1/3 的最终采收率次之,但与封堵后 2/3 的最终采收率相差不大,为 19.10%,前期含水降低较少。考虑成本与堵剂用量因素,建议采用堵剂用量较少、远离井筒 2/3 半缝长处的优势窜流通道进行封堵。

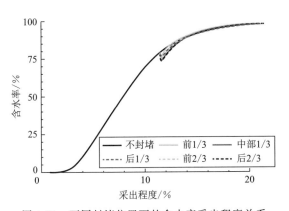

图 4-21　不同封堵位置下的含水率采出程度关系

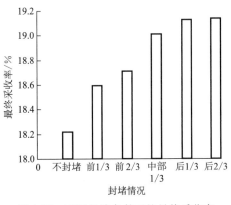

图 4-22　不同封堵条件下的最终采收率

2)堵水时机优选

(1)模型的建立。

模型的模拟区大小为 905 m×345 m,网格节点数为 181×69×3,布井方式如图 4-5(d)所示,井距 240 m,排距 160 m,裂缝沿菱形反九点井网的长对角线方向。在角井含水 80% 开始封堵,封堵远离井筒 2/3 半缝长的位置。

(2)开发指标对比。

通过油井堵水时机研究(图 4-23)可知,当整体含水率为 45%,65%,80%,90% 和 95% 时进行油井堵水,对最终采收率影响不大,因此油田可以根据实际情况选择堵水时机。

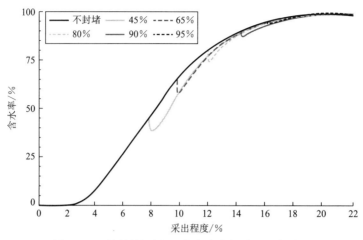

图 4-23 不同封堵时机下的含水率与采出程度关系

3）油井堵水效果分析

在油井堵水工艺研究基础上,对模型整体以及边井、角井产出效果进行模拟预测,结果如图 4-24～图 4-26 所示。

由图 4-24～图 4-26 可知,高含水期后进行油井堵水,整体含水率最高降低约 6%,边井含水率最高降低约 10%,角井含水率降低幅度非常小;角井在含水 90% 时进行堵水,模型整体最终采收率为 22.39%,相对堵水前提高约 1%。由模拟效果可知,上述油井堵水工艺较好地达到了降水增油的目的。

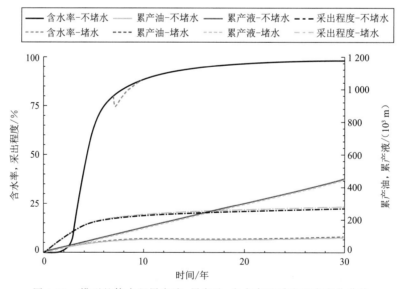

图 4-24 模型整体水驱累产液、累产油、含水率及采出程度变化曲线

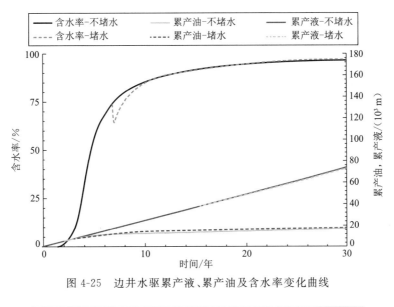

图 4-25   边井水驱累产液、累产油及含水率变化曲线

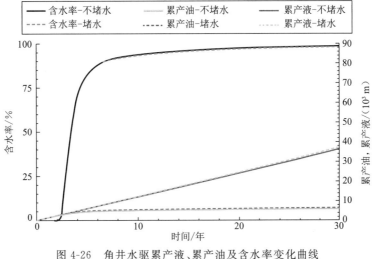

图 4-26   角井水驱累产液、累产油及含水率变化曲线

3. 水井调剖技术优化

对于高含水期油水井治理,除进行油井堵水外还可进行水井调驱,即通过水井注入化学堵剂,从而提高水井周围水驱波及系数,扩大水驱范围,提高原油采出程度。

根据堵剂分类,水井调驱堵剂包括选择性堵剂和非选择性堵剂。目前应用较多的非选择性堵剂包括凝胶、冻胶、树脂和水泥等,选择性堵剂主要为泡沫类堵剂。这两类堵剂的区别为:非选择性堵剂主要用于封堵窜流通道,堵剂到达封堵位置后一定时间内(大规模降解前)认为是不可移动的;而选择性堵剂(如泡沫)除了具有封堵窜流通道的功能外,还具有一定的驱油作用。因此通过数值模拟分析两类堵剂最佳注入工艺时,分别进行模拟研究。下面首先对非选择性堵剂中的水井自适应复合调驱技术进行优化研究,包括注入时机优化、注入量优化等。

1）水井自适应复合调驱技术优化

为了增加自适应调驱技术的应用效果,在调堵后模拟注入表面活性剂,并对调堵后表面活性剂驱的注入工艺和效果进行模拟优化。另外,通过模拟油水井调堵技术同时进行应用,评价堵水、调驱技术同时应用的整体治理效果。

（1）注入时机优化。

① 模型的建立。

模型的模拟区大小为 905 m×345 m,网格节点数为 181×69×3,采用菱形反九点井网,布井方式如图 4-5(d)所示,井距 240 m,排距 160 m,裂缝沿菱形反九点井网的长对角线方向,半缝长为 70 m。

确定调驱剂注入质量浓度为 1 900 mg/L,调驱剂注入体积为 0.4 PV,表面活性剂质量浓度为 1 000 mg/L,表面活性剂注入体积为 0.06 PV,生产井定液量生产,注采比为 1∶1,分别在水驱整体含水率达到 50%,60%,70%,80% 和 90% 时转自适应复合调驱。

② 开发指标对比。

从图 4-27 和图 4-28 可以看出,在含水率为 50%,60%,70%,80% 和 90% 时进行水井调驱,最终采收率差别不大,因此油田可以根据实际情况选择调驱时机。

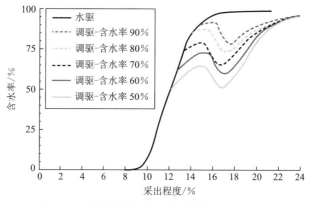

图 4-27　不同调驱时机采出程度与含水率关系

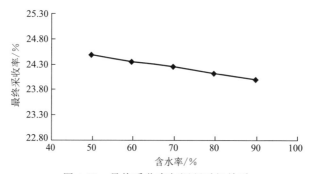

图 4-28　最终采收率与调驱时机关系

（2）调驱剂注入体积优化。

① 模型的建立。

模型的模拟区大小为 905 m×345 m，网格节点数为 181×69×3，采用菱形反九点井网，布井方式如图 4-5(d)所示。水驱至整体含水率为 80%（此时角井含水 90%）后进行自适应复合调驱。确定调驱剂注入质量浓度为 1 900 mg/L，表面活性剂浓度为 1 000 mg/L，表面活性剂注入体积为 0.06 PV，生产井定液量生产，注采比为 1∶1，优化注入体积为 0.1 PV，0.2 PV，0.3 PV，0.4 PV，0.5 PV 和 0.6 PV。

② 开发指标对比。

由图 4-29 和图 4-30 可以看出，随着调驱剂注入量的逐渐增加，最终采收率也逐渐增加，但是增加的幅度逐渐减慢。由于注调驱剂成本比注水成本高得多，因此要通过经济评价确定最优注入量。从图 4-30 来看，最佳注入量应在窜流通道的 0.3～0.5 PV 之间。

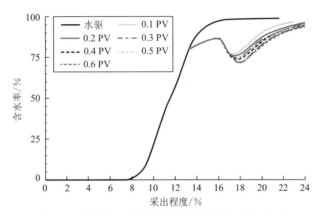

图 4-29 不同注入体积下采出程度与含水率关系

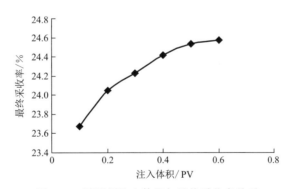

图 4-30 调驱剂注入体积与最终采收率关系

（3）自适应复合调驱效果评价。

在上述参数优化基础上，将自适应调驱和后续表面活性剂驱复合应用，评价复合调驱技术提高采收率的效果。

由图 4-31 可知，进行自适应复合调驱后，含水率明显下降（约 15%），自适应复合调驱的最终采收率为 24.42%，相对调驱前水驱最终采收率提高约 8.14%，明显达到了增油降水的目的。

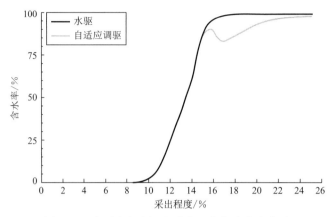

图 4-31　自适应复合调驱采出程度与含水率关系

（4）注入表面活性剂体积优化。

① 模型的建立。

模型的模拟区大小为 905 m×345 m,网格节点数为 181×69×3,采用菱形反九点井网,布井方式如图 4-5(d)所示。水驱至整体含水率为 80%(此时角井含水 90%)后进行自适应复合调驱,确定调驱剂注入浓度为 1 300 mg/L,注入体积为 0.2 PV,表面活性剂浓度为 1 000 mg/L,生产井定液量生产,注采比为 1∶1,优化注入体积为 0.05 PV,0.06 PV,0.07 PV,0.08 PV,0.09 PV 和 0.10 PV。

② 开发指标对比。

由图 4-32 和图 4-33 可以看出,随着表面活性剂注入量的逐渐增加,最终采收率也逐渐增加,但是增加的幅度逐渐减慢,注入表面活性剂后水驱最终采收率可达到 27.85%。由于注表面活性剂的成本比注水高得多,因此要通过经济评价确定最优注入量。从图 4-33 来看,最佳注入量应在 0.05～0.06 PV 之间。

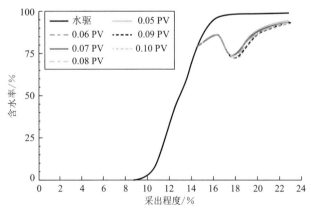

图 4-32　不同注入体积采出程度与含水率关系

（5）堵调提效结合效果评价。

在上述参数优化的基础上,将自适应复合调驱和油井堵水技术复合应用,形成水井自适应调驱＋油井堵水＋表面活性剂驱复合治理技术,评价复合调堵驱油技术提高采收率的效果。

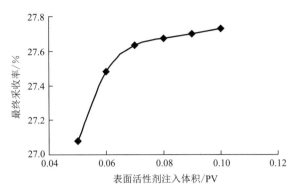

图 4-33　表面活性剂注入体积与最终采收率关系

① 模型建立。

模型的模拟区大小为 905 m×345 m,网格节点数为 181×69×3,采用菱形反九点井网,布井方式如图 4-5(d)所示。水驱至整体含水率为 80%(此时角井含水 90%)后进行自适应复合调驱,生产井定液量生产,注采比为 1:1,调驱剂注入质量浓度为 1 900 mg/L,表面活性剂质量浓度为 1 000 mg/L,比较水驱、只调不堵(调驱剂注入体积为 0.4 PV,表面活性剂注入体积为 0.06 PV)、只堵不调(封堵裂缝后 2/3)和堵调提效结合(调驱剂注入体积为 0.4 PV,封堵裂缝后 2/3,表面活性剂注入体积为 0.06 PV)的开发效果。

② 开发指标对比。

由图 4-34 和表 4-13 可知,堵调提效结合比单独水驱的最终采收率提高约 12.25%,研究模型整体含水率在复合调堵后明显下降 10%～30%,水驱效率明显提高。

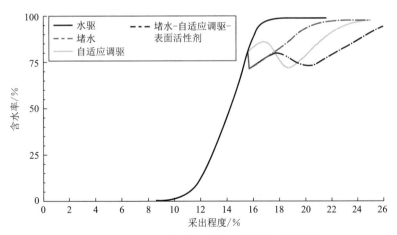

图 4-34　不同开发方式下采出程度与含水率关系

表 4-13　长 2Ⅲa 类油藏不同开发方式下的最终采收率

开发方式	水　驱	只调不堵	只堵不调	堵调提效结合
最终采收率/%	16.28	24.42	22.39	28.53

2）空气泡沫调驱优化

下面对选择性堵剂调驱效果进行模拟评价,并对注入工艺进行优化,分析其提高采收率效果。另外,将选择性堵剂与油井堵水技术进行复合模拟应用,评价油水井同时调堵的整体治理效果。

模型的模拟区大小为 905 m×345 m,网格节点数为 181×69×3,采用菱形反九点井网,布井方式如图 4-5(d)所示,井距 240 m,排距 160 m,裂缝沿菱形反九点井网的长对角线方向,半缝长为 70 m。

（1）空气泡沫驱与空气驱、泡沫驱和水驱开发效果对比。

① 模拟方案。

a. 水驱:注入强度为 2.1 m³/(d·m),注采比为 1:1。

b. 空气驱:注入强度为 2.1 m³/(d·m),注采比为 1:1,水驱至整体含水率为 80%(此时角井含水 90%)时转空气驱,注入量为 1.2 PV。

c. 泡沫驱:注入强度为 2.1 m³/(d·m),注采比为 1:1,水驱至整体含水率为 80%(此时角井含水 90%)时转泡沫驱,注入泡沫剂的质量分数为 0.3%,注入量为 1.2 PV。

d. 空气泡沫驱:注入强度为 2.1 m³/(d·m),注采比为 1:1,水驱至整体含水率为 80%(此时角井含水 90%)时转空气泡沫驱,气液比为 3:1,注入泡沫剂的质量分数为 0.3%,注入量为 1.2 PV。

② 开发指标对比。

从图 4-35 可以看出,空气驱、泡沫驱和空气泡沫驱与水驱相比最终采收率都有大幅度提高,其中空气泡沫驱效果最好。

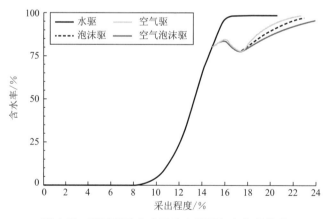

图 4-35 不同开采方式下采出程度与含水率关系

（2）转注时机优化。

① 模拟方案。

注入强度为 2.1 m³/(d·m),注采比为 1:1,气液比为 3:1,注入泡沫剂的质量分数为 0.3%,注入量为 1.2 PV,分别在水驱整体含水率达到 10%,30%,50%,70% 和 90% 时转空气泡沫驱。

② 开发指标对比。

由图 4-36 和图 4-37 可以看出,不同含水率下转注空气泡沫驱之间的差别不大。因此,油田可以根据实际情况选择调驱时机。

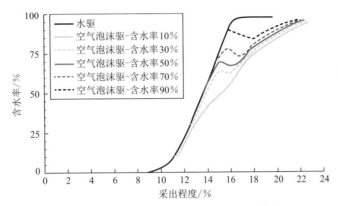

图 4-36　不同转注时机下采出程度与含水率关系

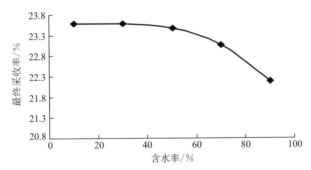

图 4-37　最终采收率与转注时机关系

(3) 气液比优选。

① 模拟方案。

注入强度为 2.1 m³/(d·m),注采比为 1:1,水驱至整体含水率为 80%(此时角井含水 90%)时转注空气泡沫驱,注入泡沫剂的质量分数为 0.3%,注入量为 1.2 PV,设置气液比分别为 1:2,1:1,2:1,3:1 和 4:1。

② 开发指标对比。

由图 4-38 和图 4-39 可以看出,随着气液比的增大,开发效果呈现变好趋势;当气液比达到 3:1 时,开发效果达到最好;气液比继续增大,开发效果反而变差,这主要是由于气液比过大时,泡沫封堵能力变弱,气窜现象严重。

(4) 注入量优选。

① 模拟方案。

注入强度为 2.1 m³/(d·m),注采比为 1:1,水驱至整体含水率为 80%(此时角井含水 90%)时转注空气泡沫驱,注入泡沫剂的质量分数为 0.3%,气液比为 3:1,设置注入量分别为高渗通道的 0.1 PV,0.2 PV,0.3 PV,0.4 PV,0.6 PV 和 0.8 PV。

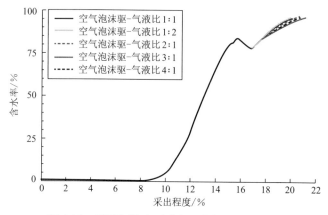

图 4-38 不同气液比下采出程度与含水率关系

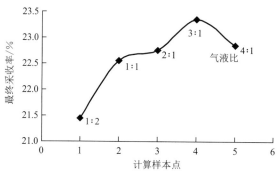

图 4-39 气液比与最终采收率关系

② 开发指标对比。

由图 4-40 和图 4-41 可以看出,随着空气泡沫驱注入量的逐渐增加,最终采收率也在逐渐增大,但是增加的幅度逐渐减慢。由于注空气泡沫的成本比注水高得多,因此要通过经济评价确定最佳注入量。从图 4-41 来看,最佳注入量应在高渗通道的 0.4~0.6 PV。

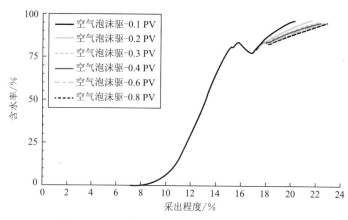

图 4-40 不同注入量下采出程度与含水率关系

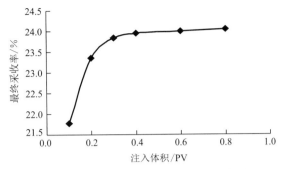

图 4-41　空气泡沫驱注入量与最终采收率关系

（5）空气泡沫驱效果评价。

在上述优化参数基础上，对空气泡沫驱提高采收率的应用效果进行评价，模拟结果如图 4-42 所示。

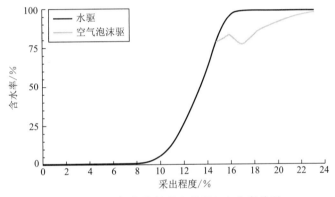

图 4-42　空气泡沫驱采出程度与含水率关系

由空气泡沫驱开发效果模拟评价可知，空气泡沫驱的最终采收率为 23.35%，比单独水驱提高约 7.07%，进行空气泡沫驱后，模型整体含水率下降 5%～15%，整体上较好地起到了降水增油的目的。

（6）堵调结合效果评价。

在上述参数优化基础上，将空气泡沫调驱和油井堵水技术复合应用，形成水井空气泡沫调驱＋油井堵水双向调堵治理技术，评价复合调堵技术提高采收率的效果。

模型的模拟区大小为 905 m×345 m，网格节点数为 181×69×3，采用菱形反九点井网，布井方式如图 4-5（d）所示，井距 240 m，排距 160 m，裂缝沿菱形反九点井网的长对角线方向，半缝长为 70 m。

注入强度为 2.1 m³/(d·m)，注采比为 1∶1，水驱至整体含水率为 80%（此时角井含水 90%）时进行空气泡沫驱，注入泡沫剂的质量分数为 0.3%，气液比为 3∶1，比较水驱、只调不堵（空气泡沫注入体积为 0.6 PV）、只堵不调（封堵裂缝后 2/3）和堵调结合（空气泡沫注入体积为 0.6 PV，封堵裂缝后 2/3）的开发效果。

由图 4-43 和表 4-14 可知，堵调结合时的最终采收率要高于单纯进行空气泡沫驱，且比单独水驱的最终采收率提高约 9.19%,研究模型整体含水率在复合调堵后明显下降 10%～20%,水驱效率明显提高,说明泡沫复合调堵是一种效果较为优异的高含水期水驱综合治理方法。

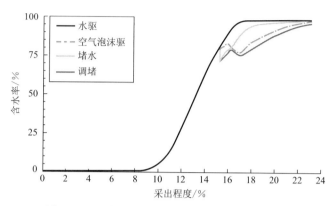

图 4-43　不同开发方式下采出程度与含水率关系

表 4-14　长 2Ⅲa 类油藏不同开发方式下的最终采收率

开发方式	水　驱	只调不堵	只堵不调	堵调(空气泡沫调驱)结合
采收率/%	16.28	23.35	22.39	25.47

4. 油井严重水淹后的井网调整优化

在菱形反九点井网中,角井首先见水,在角井所在井排形成水线,因此当油井出现严重水淹时,可将角井转注,将井网转变为交错排状井网。

1) 井网调整时机优化

（1）模型的建立。

模型的模拟区大小为 905 m×345 m,网格节点数为 181×69×3,布井方式如图 4-44 和图 4-45 所示,井距 240 m,排距 160 m,裂缝沿菱形反九点井网的长对角线方向,分别在角井含水率为 65%,80%,90%,95% 和 98% 时转注。

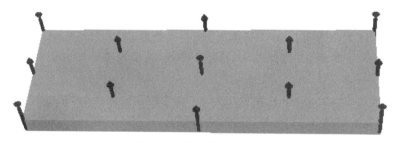

图 4-44　角井转注前井网

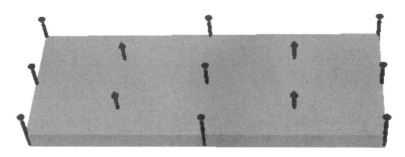

图 4-45　角井转注后井网

（2）开发指标对比。

由图 4-46～图 4-48 可知，进行井网调整时角井的含水率越高，则井网调整后的最终采收率越高，但转注时间晚将导致采收率的上升幅度越来越小，且注水效率变差。考虑经济因素和目前实际油田转注时机因素，根据现场经验，可选择角井含水率约为 90%（即介于高含水期和特高含水期之间）时进行角井转注。

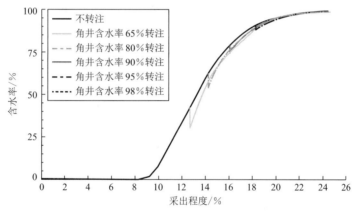

图 4-46　不同转注时机下交错排状井网含水率与采出程度关系曲线

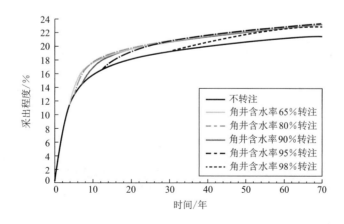

图 4-47　不同转注时机下交错排状井网采出程度变化

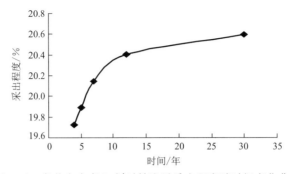

图 4-48　角井含水率 90% 时转注后采出程度随时间变化曲线

（3）剩余油分布对比。

由图 4-49 和图 4-50 可知，角井含水率 90% 时转注，最终残余油最少。

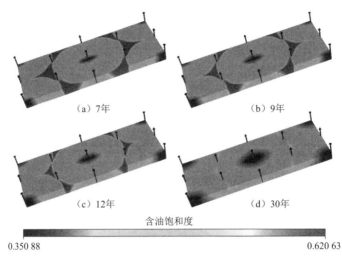

（a）7年　　　　　　　　　　　（b）9年

（c）12年　　　　　　　　　　　（d）30年

含油饱和度

0.350 88　　　　　　　　　　　　　　0.620 63

图 4-49　不转注时的含油饱和度分布

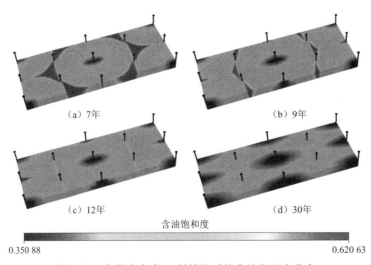

（a）7年　　　　　　　　　　　（b）9年

（c）12年　　　　　　　　　　　（d）30年

含油饱和度

0.350 88　　　　　　　　　　　　　　0.620 63

图 4-50　角井含水率 90% 转注时的含油饱和度分布

2）井网调整后注水强度优化

（1）模型建立。

模型的模拟区大小为 905 m×345 m，网格节点数为 181×69×3，布井方式如图 4-45 所示，井距 240 m，排距 160 m，裂缝沿菱形反九点井网的长对角线方向，半缝长为 70 m。设置注水强度分别为 0.95 m³/(d·m)，1.14 m³/(d·m)，1.33 m³/(d·m)，1.52 m³/(d·m)，1.71 m³/(d·m)，1.90 m³/(d·m)，2.09 m³/(d·m) 和 2.28 m³/(d·m)，注采比为 1∶1。

（2）开发指标对比。

由图 4-51 可以看出，随着注水强度的增加，最终采收率先增加后降低，当注水强度为 1.33 m³/(d·m) 时最终采收率最高，为 20.96%。当注水强度为 1.33 m³/(d·m)，1.52 m³/(d·m)，1.71 m³/(d·m) 时，观察井网调整后（20 年内）的采出程度变化，发现随着注水强度的增加，短期采出程度也增加（图 4-52）。因此，综合考虑最终采收率与采出程度的变化趋势，为了成本收回后的利益最大化，注水强度略大于 1.33 m³/(d·m) 时开发效果相对较优。这里推荐选用的注水强度为 1.52 m³/(d·m)。

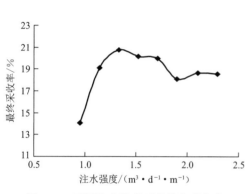

图 4-51　不同注水强度下的最终采收率

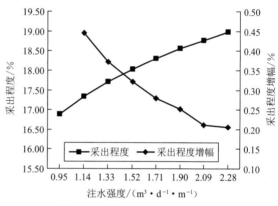

图 4-52　井网调整后（20 年）不同注水强度下的采出程度及其增幅

3）井网调整后注采比优化

（1）模型的建立。

分别取不同的注采比 1.0，1.02，1.06，1.1，1.2，1.3，1.4 和 1.5，模拟生产 1 年；在压力恢复到不同的水平后将注采比改为 1.0，保持该压力生产，模拟计算 8 年，并将保持目前地层压力生产作为对比方案。

（2）开发指标对比。

通过研究发现（图 4-53），随着注采比的增加，井网调整后原油的采出程度呈单调递减趋势，即采用注采比为 1.0 时的效果最优。这是由于原有井网的油井在较高含水率下进行井网调整，要求后续水驱注入与采出保持平衡，从而使水窜程度得以适当降低，较高的注采比会加剧水窜，从而影响最终采收率的有效提高。

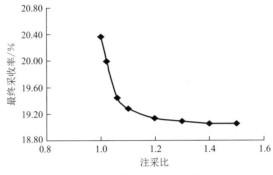

图 4-53 不同注采比下的最终采收率

4）井网调整效果评价

由图 4-54 可知,井网调整后含水率先明显下降,之后有小幅回升,累产液、累产油和原油采出程度明显增加,井网调整后的最终采收率为 20.96%,相对井网调整前增加约 4.68%。

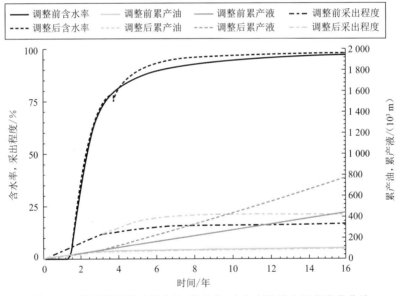

图 4-54 井网调整前后累产油、累产液、含水率及采出程度变化曲线

5. 综合治理方案优化结果

根据主力油层综合治理油藏工程方案数值模拟优化结果,得到不同治理开发方式下长 2 Ⅲa 类油藏的原油采出效果和注入工艺方式,具体结果见表 4-15。由表 4-15 可知,水井自适应调驱＋油井堵水＋表面活性剂驱＋水驱复合调驱提高原油采收率效果最佳。

整体而言,建议采用水井自适应调驱＋油井堵水＋表面活性剂驱＋水驱复合调驱进行综合治理,与模拟最佳井网开发下单独水驱效果相比,预测提高采收率约 12.25%。

表 4-15　长 2Ⅲa 类油藏综合治理油藏工程方案数值模拟优化结果

综合治理措施	优化参数指标	优化结果	采收率比水驱提高值/%
水　驱	注水强度/(m³·d⁻¹·m⁻¹)	2.09	—
	注采比	1.02～1.03	
	水驱采收率/%	16.28	
油井严重水淹后井网调整	调整后井网类型	交错排状	4.68
	井网调整时机	角井含水率达到 90% 左右	
	井网调整后注水强度/(m³·d⁻¹·m⁻¹)	1.52	
	井网调整后注采比	1:1	
	井网调整后水驱最终采收率/%	20.96	
高含水期油井堵水＋水驱	最优堵水位置	远离井筒 2/3 半缝长处	6.11
	堵水段塞体积	约 1/3 半缝长的窜流通道体积	
	堵水时机	根据油田实际情况	
	堵水后水驱最终采收率/%	22.39	
高含水期自适应调驱＋水驱	调驱时机	根据油田实际情况	8.14
	调驱段塞注入量	高渗通道的 0.3～0.5 PV	
	调驱后水驱最终采收率/%	24.42	
空气泡沫调驱＋水驱	注入时机	根据油田实际情况	7.07
	气液比	3:1	
	空气泡沫注入量	高渗通道的 0.4～0.6 PV	
	调驱后水驱最终采收率/%	23.35	
水井空气泡沫调驱＋油井堵水＋水驱	调驱堵水最终采收率/%	25.47	9.19
水井自适应调驱＋表面活性剂驱＋水驱	表面活性剂驱注入体积/PV	0.05～0.06	11.57
	表面活性剂驱后水驱最终采收率/%	27.85	
水井自适应调驱＋油井堵水＋表面活性剂驱＋水驱	表面活性剂驱注入体积/PV	0.05～0.06	12.25
	表面活性剂驱后水驱最终采收率/%	28.53	

4.2.2　长 2Ⅲb 类油藏综合治理方案数值模拟

与长 2Ⅲa 类油藏综合治理油藏工程方案数值模拟优化研究方法相同,根据长 2Ⅲb 类油藏基础参数,优化得到长 2Ⅲb 类油藏最优治理方案,方案包括注水开发方案、高含水期调堵方案、高效增油技术优化方案和高含水期井网调整方案等,见表 4-16。由综合治理油藏工程方案优化结果可知,采用水井自适应调驱＋油井堵水＋表面活性剂驱＋水驱复合调驱进行综合治理提高原油采收率效果最优,与模拟最佳井网开发下的水驱效果相比,预测提高采收率约 11.82%。

表 4-16　长 2Ⅲb 类油藏综合治理油藏工程方案数值模拟优化结果

综合治理措施	优化参数指标	优化结果	采收率比水驱提高值/%
水驱	注水强度/($m^3 \cdot d^{-1} \cdot m^{-1}$)	1.9	—
	注采比	1.02～1.03	
	水驱采收率/%	16.19	
油井严重水淹后井网调整	调整后井网类型	交错排状	4.09
	井网调整时机	角井含水率达到90%左右	
	井网调整后注水强度/($m^3 \cdot d^{-1} \cdot m^{-1}$)	1.4	
	井网调整后注采比	1:1	
	井网调整后水驱最终采收率/%	20.28	
高含水期油井堵水＋水驱	最优堵水位置	远离井筒1/3～2/3半缝长处	2.76
	堵水段塞体积	1/3～2/3半缝长的窜流通道体积	
	堵水时机	根据油田实际情况	
	堵水后水驱最终采收率/%	18.95	
高含水期自适应调驱＋水驱	调剖时机	根据油田实际情况	8.09
	调驱段塞注入量	高渗通道的0.3～0.5 PV	
	调驱后水驱最终采收率/%	24.28	
空气泡沫调驱＋水驱	注入时机	根据油田实际情况	7.82
	气液比	3:1	
	空气泡沫注入量	高渗通道的0.4～0.6 PV	
	调驱后水驱最终采收率/%	24.01	
水井空气泡沫驱＋油井堵水＋水驱	调驱堵水最终采收率/%	25.84	9.65
水井自适应调驱＋表面活性剂驱＋水驱	表面活性剂驱注入体积/PV	0.05～0.06	11.01
	表面活性剂驱后水驱最终采收率/%	27.2	
水井自适应调驱＋油井堵水＋表面活性剂驱＋水驱	表面活性剂驱注入体积/PV	0.05～0.06	11.82
	表面活性剂驱后水驱最终采收率/%	28.01	

4.2.3　长 6Ⅳa 类油藏综合治理方案数值模拟

与长 2Ⅲa 类油藏综合治理油藏工程方案数值模拟优化研究方法相同,根据长 6Ⅳa 类油藏基础参数,优化得到长 6Ⅳa 类油藏最优治理方案,方案包括注水开发方案、高含水期调堵方案、高效增油技术优化方案和高含水期井网调整方案等，见表 4-17。由综合治理油藏工程方案优化结果可知，采用水井自适应调驱＋油井堵水＋表面活性剂驱与水井空气泡沫调驱＋油井堵水＋表面活性剂驱两种方案进行综合治理提高原油采收率的效果均较好，且相差不大。其中水井自适应调驱＋油井堵水＋表面活性剂驱的效果相对更好，但水井空气泡沫调驱已在 GGY 长 6 油层组应用且取得较好效果，因此水井空气泡沫调驱＋油井堵水＋表面活性剂也具有较好适用性。

表 4-17　长 6 Ⅳa 类油藏综合治理油藏工程方案数值模拟优化结果

综合治理措施	优化参数指标	优化结果	采收率比水驱提高值/%
水驱	注水强度/(m³·d⁻¹·m⁻¹)	1.6	—
	注采比	1.02～1.03	
	水驱采收率/%	14.57	
油井严重水淹后井网调整	调整后井网类型	交错排状	4.44
	井网调整时机	角井含水率达到 90% 左右	
	井网调整后注水强度/(m³·d⁻¹·m⁻¹)	1	
	井网调整后注采比	1:1	
	井网调整后水驱最终采收率/%	19.01	
高含水期油井堵水＋水驱	最优堵水位置	远离井筒 1/3～2/3 半缝长处	3.28
	堵水段塞体积	1/3～2/3 半缝长的窜流通道体积	
	堵水时机	根据油田实际情况	
	堵水后水驱最终采收率/%	17.85	
高含水期自适应调驱＋水驱	调剖时机	根据油田实际情况	7.64
	调驱段塞注入量	高渗通道的 0.3～0.5 PV	
	调驱后水驱最终采收率/%	22.21	
空气泡沫调驱＋水驱	注入时机	根据油田实际情况	7.44
	气液比	3:1	
	空气泡沫注入量	高渗通道的 0.3～0.5 PV	
	调驱后水驱最终采收率/%	22.01	
水井自适应调驱＋表面活性剂驱＋水驱	表面活性剂驱注入体积/PV	0.05～0.06	9.78
	表面活性剂驱后水驱最终采收率/%	24.35	
水井空气泡沫调驱＋表面活性剂驱＋水驱	表面活性剂驱注入体积/PV	0.05～0.06	9.56
	表面活性剂驱后水驱最终采收率/%	24.13	
水井自适应调驱＋油井堵水＋表面活性剂驱＋水驱	表面活性剂驱注入体积/PV	0.05～0.06	11.89
	表面活性剂驱后水驱最终采收率/%	26.46	
水井空气泡沫调驱＋油井堵水＋表面活性剂驱＋水驱	表面活性剂驱注入体积/PV	0.05～0.06	10.53
	表面活性剂驱后水驱最终采收率/%	25.1	

4.2.4 延9Ⅱb类油藏综合治理方案数值模拟

根据延9Ⅱb类油藏基础参数,优化得到延9Ⅱb类油藏最优治理方案,方案包括注水开发方案、高含水期调堵方案、高效增油技术优化方案和高含水期井网调整方案等。由于投产方式不同,延9Ⅱb类油藏综合治理方案包括未压裂投产时的综合治理方案和压裂投产时的综合治理方案。

与主力油层组长2、长6严重水淹后的井网调整方式不同,由于延9最佳布井井网类型为规则反九点井网,因此当未压裂投产时的油井或压裂投产时与压裂裂缝相对的角井出现严重水淹时,可以将井网转换为五点法井网(图4-55)而非交错排状井网。

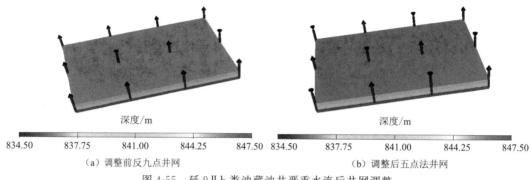

深度/m					深度/m				
834.50	837.75	841.00	844.25	847.50	834.50	837.75	841.00	844.25	847.50

（a）调整前反九点井网　　　　　　　　　　（b）调整后五点法井网

图 4-55　延9Ⅱb类油藏油井严重水淹后井网调整

由综合治理油藏工程方案优化结果(表4-18和表4-19)可知,对于未压裂投产注采模型,采用水井自适应调驱＋表面活性剂驱＋水驱进行综合治理提高原油采收率的效果最优,与模拟最佳井网开发下的水驱效果相比,预测提高采收率约12.51％;对于压裂投产注采模型,采用水井自适应调驱＋油井堵水＋表面活性剂驱＋水驱进行综合治理提高原油采收率效果最优,与模拟最佳井网开发下的水驱效果相比,预测提高采收率约13.83％。

表 4-18　延9Ⅱb类油藏未压裂投产综合治理油藏工程方案数值模拟优化结果

综合治理措施	优化参数指标	优化结果	采收率比水驱提高值/％
水　驱	注水强度/(m³·d⁻¹·m⁻¹)	3.5	—
	注采比	1.03～1.05	
	水驱采收率/％	18.47	
油井严重水淹后井网调整	调整后井网类型	五点法注水	4.6
	井网调整时机	油井含水率达到90％左右	
	井网调整后注水强度/(m³·d⁻¹·m⁻¹)	2.2	
	井网调整后注采比	1∶1	
	井网调整后水驱最终采收率/％	23.07	

综合治理措施	优化参数指标	优化结果	采收率比水驱提高值/%
高含水期自适应调驱＋水驱	调剖时机	根据油田实际情况	10.46
	调驱段塞注入量	高渗通道的 0.3～0.5 PV	
	调驱后水驱最终采收率/%	28.93	
空气泡沫调驱＋水驱	注入时机	根据油田实际情况	8.35
	气液比	3∶1	
	空气泡沫注入量	高渗通道的 0.4～0.6 PV	
	调驱后水驱最终采收率/%	26.82	
水井自适应调驱＋表面活性剂驱＋水驱	表面活性剂驱注入体积/PV	0.05～0.06	12.51
	表面活性剂驱后水驱最终采收率/%	30.98	
水井空气泡沫调驱＋表面活性剂驱＋水驱	表面活性剂驱注入体积/PV	0.05～0.06	10.56
	表面活性剂驱后水驱最终采收率/%	29.03	

表 4-19　延 9 Ⅱ b 类油藏压裂投产综合治理油藏工程方案数值模拟优化结果

综合治理措施	优化参数指标	优化结果	采收率比水驱提高值/%
水　驱	注水强度/(m³·d⁻¹·m⁻¹)	3.9	—
	注采比	1.02～1.03	
	水驱采收率/%	21.15	
油井严重水淹后井网调整	调整后井网类型	五点法注水	4.82
	井网调整时机	角井含水率达到 90% 左右	
	井网调整后注水强度/(m³·d⁻¹·m⁻¹)	2.4	
	井网调整后注采比	1∶1	
	井网调整后水驱最终采收率/%	25.97	
高含水期油井堵水＋水驱	最优堵水位置	远离井筒 1/3～2/3 半缝长处	3.69
	堵水段塞体积	1/3～2/3 半缝长的窜流通道体积	
	堵水时机	根据油田实际情况	
	堵水后水驱最终采收率/%	24.84	
高含水期自适应调驱＋水驱	调驱时机	根据油田实际情况	9.63
	调驱段塞注入量	0.15～0.2 PV	
	调驱后水驱最终采收率/%	30.78	

综合治理措施	优化参数指标	优化结果	采收率比水驱提高值/%
空气泡沫调驱＋水驱	注入时机	根据油田实际情况	7.98
	气液比	3∶1	
	空气泡沫注入量	高渗通道的 0.3～0.5 PV	
	调驱后水驱最终采收率/%	29.13	
水井自适应调驱＋油井堵水＋水驱	复合调驱后水驱最终采收率/%	31.79	10.64
水井自适应调驱＋表面活性剂驱＋水驱	表面活性剂驱注入体积/PV	0.07～0.1	12.97
	表面活性剂驱后水驱最终采收率/%	34.12	
水井自适应调驱＋油井堵水＋表面活性剂驱＋水驱	表面活性剂驱注入体积/PV	0.07～0.1	13.83
	表面活性剂驱后水驱最终采收率/%	34.98	

第5章 裂缝性特低渗油藏试验区 综合治理方案分析

按照优化研究得到的合理开发方式,对5个试验区进行开发方式对比与调整,并发现具体对应单井开采层位、单井开发强度中存在的开发问题,形成有针对性且适用各主力油层的单井治理方案,并对治理方案进行油藏工程模拟优化设计及效果预测,最终形成一套完整的长2、长6、延9主力油层组高含水期综合治理技术方案体系。

下面重点给出其中2个典型试验区(GGY-T114井区及DB-4930井区)的详细单井治理方案。

5.1 GGY-T114井区(东部长6)

5.1.1 GGY-T114井区生产动态分析

1. 地质概况

GGY采油厂T157研究区位于T114井区北部,大地构造位置处在鄂尔多斯盆地东部二级构造单元陕北斜坡上。该陕北斜坡为鄂尔多斯盆地的主体部分,主要形成于早白垩世,为一向西倾斜的平缓单斜,坡降一般为$7\sim10$ m/km,倾角一般不到1°。该区的开发油层为三叠系延长组长6油层组,埋深为$200\sim750$ m,总面积约2.4 km²(图5-1)。

2. 开发概况

T114井区探明储量面积为22.43 km²,探明地质储量为$1\,008.98\times10^4$ t,地质储量丰度为44.98×10^4 t/km²。本次选取T114井区的T157区块进行研究。T157区块于2008年8月投产,到目前为止,注水井和生产井共有65口,其中生产井44口,注水井21口,只有1344-3井停注。该井区截至2013年6月底累计产油22 374.06 t,采出程度为4.02%;井区综合含水57.3%,单井平均日产油0.38 t。2011年8月,44口生产井全部投产,月产油量达到最大,以后月产油量开始缓慢下降;大部分注水井于2009年1月投注,截至2013年6月,累计注水 56 259.1 m³,注采比为 1.355。T157 区块生产动态曲线如图 5-2 所示,T157 井区的主力油层为长 6_1^1 油层组,目前整个井区注水开发效果较好,大部分生产井还未进入高含水阶段。

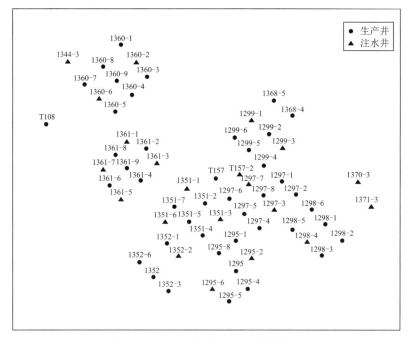

图 5-1　GGY 采油厂 T157 区块井位图

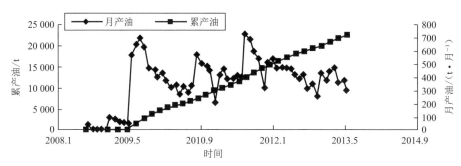

图 5-2　GGY 采油厂 T157 区块生产动态曲线

3. 生产动态分析

1) 试验区注水井宏观特征分析

T157 区块于 2008 年 12 月开始注水,以矩形反九点井网作为基本井网模型单元。2009 年 1 月注水井达到 18 口,2011 年 8 月 21 口注水井全部投产,注采井数比为 1∶2.1,平均日注水 2.8 m³,累计注水 5.63×10^4 m³,累计注采比为 1.35。T157 区块注水井投产后资料如表 5-1 和图 5-3～图 5-5 所示。

表 5-1 T157 区块注水井汇总

序号	井 号	相关性大的油井	层 位	投注时间	日注水量/(m³·d⁻¹)	配水间注水压力/MPa	累积注水量/m³
1	T157-2	1297-6,1299-4,1299-5,1299-6,T157	长 6_1^1	2009.1	3.30	6.87	3 487
2	1295-2	1295,1295-1,1295-4,1298-3,1298-5	长 6_1^1、长 6_2^2	2008.12	6.80	8.55	3 299
3	1295-6	1295-5,1295-4,1295-8	长 6_2^2	2008.12	3.70	6.60	3 226
4	1297-3	1297-5,1297-8,1298-5	长 6_1^1	2009.1	2.20	0.86	3 399
5	1297-7	1297-1,1297-5,1297-6,1297-8,1299-4,1299-5,T157	长 6_1^1、长 6_1^2	2009.1	2./0	9.50	3 592
6	1298-4	1298-2,1298-3,1298-5	长 6_1^1	2009.1	1.10	0.62	3 864
7	1299-1	1299-2,1299-5,1299-6,1368-4,1368-5	长 6_1^1	2009.1	3.10	6.13	3 397
8	1299-3	1297-1,1299-2,1299-4,1299-5	长 6_1^1、长 6_1^2	2009.1	3.20	6.20	4 043
9	1344-3	1360-1,1360-7,1360-8,T108	长 6_1^1	2012.12	5.6	9.76	171.2
10	1351-1	1351-2,1351-5,1351-7,T157	长 6_1^1、长 6_1^2	2009.1	停 注	—	249.13
11	1351-3	1295-1,1295-8,1297-5,1297-6,1351-2,1351-4,1351-5	长 6_1^1	2009.1	3.20	6.17	3 605
12	1351-6	1351-5,1351-7,1361-4	长 6_1^1	2009.1	2.60	7.80	3 655
13	1352-2	—	长 6_1^3	2009.12	1.70	9.48	1 723
14	1360-2	1360-1,1360-3,1360-4,1360-8,1360-9	长 6_1^1	2009.1	2.60	8.45	2 916
15	1360-6	1360-4,1360-5,1360-7,1360-8,1360-9,T108	长 6_1^1	2009.1	2.90	7.10	3 079
16	1361-1	1360-5,1360-4,1361-2	长 6_1^1	2009.1	1.40	8.78	2 161
17	1361-3	1361-2,1361-4	长 6_1^1	2009.1	1.60	6.95	2 754
18	1361-5	1361-4,1352-6	长 6_1^1	2009.1	2.35	8.47	3 432
19	1361-7	1361-9	长 4+5、长 6_1^1	2009.1	3.30	8.7	2 195
20	1370-3	—	长 6_1^1	2011.9	3.10	8.68	1 491
21	1371-3	1298-2	长 6_1^1	2012.8	3.10	9.47	512.7

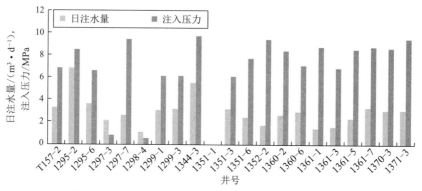

图 5-3   T157 区块注水井当前日注水量与注入压力对比

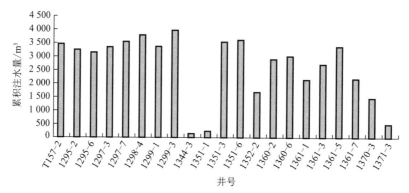

图 5-4   T157 区块注水井累积注水量对比

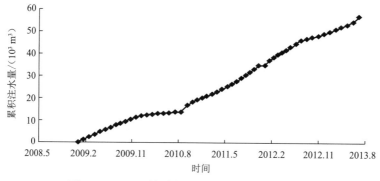

图 5-5   T157 区块总累积注水量随时间变化曲线

2）试验区采油井宏观开发规律分析

T157 区块目前有生产井 44 口，截至 2013 年 7 月，平均日产液 0.72 m³，主要分布在 0.32～1.1 m³ 范围内；平均日产油 0.38 t，主要分布在 0.05～6.84 t 范围内；平均含水率为 33.9%，主要分布在 5.05%～99% 范围内。T157 区块各生产井生产资料如图 5-6～图 5-8 和表 5-2、表 5-3 所示。随着注水井的全面投注，整个区块的开发状况得到改善，底层亏空能量得到充分补充，生产井的开发效果变好，大部分生产井的产液量稳定增加，综合含水不高，注水开发效果较好。

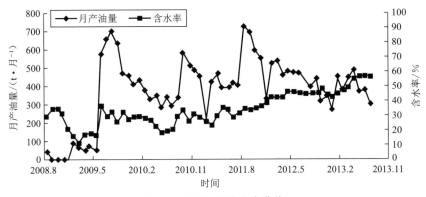

图 5-6　T157 区块生产曲线

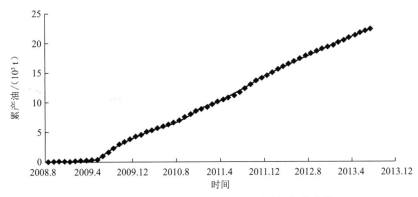

图 5-7　T157 区块总累积产油量随时间变化曲线

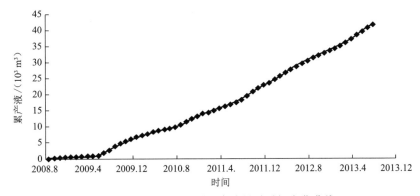

图 5-8　T157 区块总累积产液量随时间变化曲线

表 5-2　T157 区块各生产井当前生产参数汇总

序　号	井　号	层　位	日产液量/(m³·d⁻¹)	日产油量/(t·d⁻¹)	含水率/%
1	T108	长 6_1^1	0.49	0.22	55.0
2	T157	长 6^1	0.56	0.27	52.0
3	1295	长 6_1^1	4.80	0.95	80.2

续表

序 号	井 号	层 位	日产液量/(m³·d⁻¹)	日产油量/(t·d⁻¹)	含水率/%
4	1295-1	长 6_1^1	2.06	0.85	58.8
5	1295-4	长 6_1^1、长 6_2^2	0.97	0.43	55.5
6	1295-5	长 6_1^1、长 6_2^2	0.14	0.08	42.0
7	1295-8	长 6_1^1、长 6_2^1	1.79	0.48	73.0
8	1297-1	长 6_1^2	1.03	0.5	51.6
9	1297-2	长 6_1^2	0.54	0.28	47.6
10	1297-4	长 6_1^3	0.28	0.15	47.2
11	1297-5	长 6_1^1	0.161	0.083	48.44
12	1297-6	长 6_1^1	0.14	0.073	47.8
13	1297-8	长 6_1^1	0.33	0.12	63.6
14	1298-1	长 6_1^3	0.35	0.18	49.0
15	1298-2	长 6_1^1	0.28	0.16	43.4
16	1298-3	长 6_1^1	0.287	0.16	44.3
17	1298-5	长 6_1^1	0.35	0.174	50.2
18	1298-6	长 6_1^2	2.16	0.94	56.5
19	1299-2	长 6_1^1	0.396	0.19	51.9
20	1299-4	长 6_1^1	0.56	0.273	51.3
21	1299-5	长 6_1^1	0.23	0.123	46.68
22	1299-6	长 6_1^1	0.70	0.327	53.3
23	1351-2	长 6_1^1、长 6_1^2	0.836	0.42	49.8
24	1351-4	长 6_1^1	0.61	0.32	47.5
25	1351-5	长 6_1^1	0.55	0.30	45.5
26	1351-7	长 6_1^1	0.586	0.11	81.2
27	1352	长 6_1^2	0.44	0.27	39.1
28	1352-1	长 6_1^2	1.38	0.61	55.8
29	1352-3	长 6_1^2	2.94	0.84	71.4
30	1352-6	长 6_1^1	1.59	0.28	82.4
31	1360-1	长 6_1^1	2.39	0.48	80.0
32	1360-3	长 6_1^1	0.29	0.13	55.2
33	1360-4	长 6_1^1	0.69	0.27	60.0
34	1360-5	长 6_1^1	0.76	0.18	76.3
35	1360-7	长 6_1^1	5.06	1.68	66.8
36	1360-8	长 6_1^1	2.05	0.77	62.4

续表

序　号	井　号	层　位	日产液量/(m³·d⁻¹)	日产油量/(t·d⁻¹)	含水率/%
37	1360-9	长 6_1^1	0.96	0.50	47.9
38	1361-2	长 6_1^1、长 6_3^1	1.24	0.44	64.5
39	1361-4	长 6_1^1、长 6_3^1	0.447	0.22	50.8
40	1361-6	长 5_2^1、长 4	0.788	0.27	65.3
41	1361-8	长 4、长 5_2^2	2.08	0.59	71.6
42	1361-9	长 4+5、长 6_3^1	0.597	0.27	54.77
43	1368-4	长 6_1^1	0.78	0.37	52.6
44	1368-5	长 6_1^1	1.13	0.32	71.68

表 5-3　T157 区块产液量分布表

时　间	累积产液量/m³	当年开井数/口	采出程度/%	单井平均月产液量/(m³·月⁻¹)
2008.8	41.86	5	0	8.37
2008.9	45.24	5	0	0.68
2008.10	47.43	5	0	0.45
2008.11	50.88	5	0	0.69
2008.12	53.59	5	0	0.54
2009.1	145.22	7	0.026	13.09
2009.2	225.25	7	0.04	11.40
2009.3	284.59	7	0.05	8.48
2009.4	346.39	7	0.06	8.83
2009.5	399.10	7	0.071	7.53
2009.6	975.86	26	0.17	22.18
2009.7	1 637.02	29	0.29	22.80
2009.8	2 344.74	34	0.42	20.80
2009.9	2 984.61	34	0.53	18.80
2009.10	3 458.26	34	0.61	13.90
2009.11	3 919.17	34	0.69	13.56
2009.12	4 322.42	34	0.77	11.85
2010.1	4 760.01	34	0.84	12.87
2010.2	5 137.60	34	0.91	11.10
2010.3	5 462.84	34	0.97	9.58
2010.4	5 807.26	34	1.03	10.13

时 间	累积产液量/m³	当年开井数/口	采出程度/%	单井平均月产液量/(m³·月⁻¹)
2010.5	6 089.21	34	1.08	8.29
2010.6	6 425.89	34	1.14	9.90
2010.7	6 718.97	34	1.19	8.62
2010.8	7 059.55	34	1.25	10.00
2010.9	7 638.3	41	1.35	14.12
2010.10	8 147.83	41	1.44	12.42
2010.11	8 639.5	41	1.53	11.99
2010.12	9 098.64	41	1.61	11.20
2011.1	9 320.687	41	1.65	5.40
2011.2	9 749.876	41	1.73	10.46
2011.3	10 216.33	41	1.81	11.38
2011.4	10 610.15	41	1.88	9.60
2011.5	11 004.75	41	1.95	9.62
2011.6	11 419.75	41	2.02	10.12
2011.7	11 828.83	43	2.09	9.50
2011.8	12 560.76	44	2.22	16.60
2011.9	13 255.99	44	2.35	15.80
2011.10	13 856.49	44	2.45	13.60
2011.11	14 408.3	44	2.55	12.50
2011.12	14 741.05	44	2.61	7.60
2012.1	15 264.34	44	2.70	11.90
2012.2	15 806.82	44	2.80	12.30
2012.3	16 275.86	44	2.88	10.60
2012.4	16 757.29	44	2.97	10.90
2012.5	17 233.97	44	3.05	10.80
2012.6	17 707.13	44	3.14	10.70
2012.7	18 129.62	44	3.21	9.60
2012.8	18 520.78	44	3.28	8.90
2012.9	18 950.36	44	3.36	9.70
2012.10	19 267.47	44	3.41	7.20
2012.11	19 616.63	44	3.48	7.90
2012.12	19 884.64	44	3.52	6.10
2013.1	20 322.02	44	3.60	9.90

时　间	累积产液量/m³	当年开井数/口	采出程度/%	单井平均月产液量/(m³·月⁻¹)
2013.2	20 704.51	44	3.67	8.70
2013.3	21 149.59	44	3.75	10.10
2013.4	21 629.41	44	3.83	10.90
2013.5	22 000.41	44	3.90	8.43
2013.6	22 374.06	44	3.96	8.49
2013.7	22 679.21	44	4.02	6.90

3）注水井吸水状况

大部分注水井于 2009 年 1 月投注，截至 2013 年 6 月，注水井累计注水 56 259.1 m³，注采比为 1.355。注水井吸水剖面测试结果见表 5-4。

表 5-4　注水井吸水剖面测试结果

井　号	测试日期	注水层段/m	油压/MPa	日注水量/(m³·d⁻¹)	吸水层段/m	吸水厚度/m	吸水量/(m³·d⁻¹)	相对吸水量/%
T157-2	2012.9.14	470～570	6.0	4.0	544.1～554.3	10.2	4.0	100
1295-2	2012.9.5	440～592	8.42	4.8	510.0～520.6	10.6	2.38	49.58
					561.4～566.1	4.7	2.42	50.42
1295-6	2012.11.18	450～570	4.8	4.5	524.8～536.0	11.2	4.5	100
1298-4	2012.11.30	380～520	5.6	4.8	473.2～483.0	9.8	4.8	100
1299-1	2012.9.14	430～550	5.2	4.3	515.7～528.6	12.9	4.3	100
1299-3	2012.11.23	440～590	4.8	4.5	523.2～540.3	17.1	4.5	100
1351-6	2012.12.3	510～658	5.1	4.8	579.7～592.0	12.3	4.8	100
1360-2	2012.12.2	480～610	7.5	4.8	534.0～545.8	11.8	4.8	100
1360-6	2012.12.2	480～610	7.1	5.1	532.0～544.2	12.2	5.1	100
1370-3	2012.11.28	330～450	4.6	4.5	399.9～412.0	12.1	4.5	100
1371-3	2012.11.28	380～520	4.5	4.4	460.9～468.3	7.4	4.4	100

4. 开发效果评价

通过进行驱动方式、存水率、水驱指数、采收率等指标计算、分析油藏的开发效果[171-186]。

1）油藏驱动方式分析

油藏的驱动方式是指油藏中驱动流体渗流的主要动力来源。从能量的补充方式来看，油藏驱动方式主要分为两大类：一是通过外部人工能量补充；二是通过本身内能消耗。外部人工能量补充包括水压驱动、气压驱动，本身内能消耗包括溶解气驱动、重力驱动。一个油藏的驱动方式是油藏地质条件和开发中人工措施的综合结果,不是单一由地质条件来决定的。由于不同开发阶段的开发参数不同,采用的能量来源不同,因此整个开发过程中驱动方式不是固定不变的。一般情况下,早期采用天然能量开发的方式,中后期采用人工注水方法补充能量,油藏在水压驱动下开采。

(1)弹性能量。

对于未饱和油藏,当地层压力高于饱和压力时,可利用地层岩石和流体的弹性能量进行油藏开发。对 T157 区块油藏弹性采收率进行计算,通过物质平衡方程式推算弹性采收率 E_R:

$$E_R = C_t(p_i - p_b) \tag{5-1}$$

式中 C_t——综合弹性压缩系数,MPa^{-1};

p_i——原始地层压力,MPa;

p_b——饱和压力,MPa。

参数取值:$p_i = 3.55\ MPa$,$p_b = 1.12\ MPa$,$C_t = 0.000\ 9\ MPa^{-1}$,利用该公式计算得到弹性采收率为 0.22%。

(2)溶解气驱能量。

溶解气驱采收率计算公式(油田可采储量标定方法经验公式)为:

$$E_R = 0.212\ 6\left[\frac{\phi(1 - S_{wi})}{B_{ob}}\right]^{0.161\ 1}\left(\frac{K}{\mu_{ob}}\right)^{0.097\ 9}(S_{wi})^{0.372\ 2}\left(\frac{p_b}{p_a}\right)^{0.174\ 1} \tag{5-2}$$

式中 ϕ——孔隙度,小数;

S_{wi}——原始含水饱和度,小数;

K——渗透率,$10^{-3}\ \mu m^2$;

B_{ob}——饱和压力下的原油体积系数;

μ_{ob}——饱和压力下的地层原油黏度,$mPa \cdot s$;

p_b——饱和压力,MPa;

p_a——油藏废弃压力,MPa。

根据上式计算得到 T157 区块油藏溶解气驱采收率为 5.1%。

由于本区油藏储层物性差,油水混储,无明显的油水界面,缺乏边底水,油藏为典型的岩性油藏。本区油藏无气压驱动和重力驱动。

综上所述,本区油藏利用天然能量开发,主要驱动方式包括弹性驱动和溶解气驱动,最终采收率仅有 5.32%,自然开采采收率很低,因此从经济效益上来看必须人工补充能量进行开发。

2)存水率与水驱指数计算

(1)存水率的计算。

随着油藏采出程度的提高,综合含水不断上升,产出水越来越多,大量的注入水进入生产井,无法进行有效驱油。存水率也称注水利用率,是指某个时间段内用于替换地层原油的水量占总注水量的百分比,其计算公式为:

$$\eta = \frac{W_i - W_p}{W_i} \tag{5-3}$$

式中 η——存水率,小数;

W_i,W_p——累积注水量和累积产水量,m^3。

存水率的变化范围为 $0\sim1$,某个阶段存水率越大,表明该阶段产水越少。当生产井普遍见水后,若存水率大,表明生产井对产水层位控制较好。存水率包括累积存水率和阶段存水率。

由式(5-3)计算目标井区的累积存水率。截至 2013 年 6 月底,T157 区块的累积注水量 $W_i=5.626\times10^4\ m^3$,累积产水量 $W_p=1.829\times10^4\ m^3$。由表 5-5 可以看出,目标井区的累积存水率都在 0.66 以上,说明由于井区注水时机较早,及时保持了地层能量,注水开发效果较好。

表 5-5 T157 区块存水率计算数据表

时 间	累积注水量/m^3	累积产水量/m^3	累积存水率	采出程度/%
2009.1	1 173.034	397.68	0.66	0.026
2009.2	2 516.687	405.25	0.84	0.04
2009.3	3 194.245	415.70	0.87	0.05
2009.4	4 772.701	426.96	0.91	0.06
2009.5	5 548.517	436.42	0.92	0.071
2009.6	6 452.441	852.04	0.87	0.17
2009.7	7 063.272	1 088.22	0.85	0.29
2009.8	8 147.764	1 533.64	0.81	0.42
2009.9	9 208.397	1 806.15	0.80	0.53
2009.10	10 037.35	2 098.20	0.79	0.61
2009.11	10 865.41	2 307.03	0.79	0.69
2009.12	11 682.19	2 487.77	0.79	0.77
2010.1	12 213.23	2 642.03	0.78	0.84
2010.2	12 414.25	2 777.24	0.78	0.91
2010.3	12 536.16	2 878.90	0.77	0.97
2010.4	12 698.41	2 989.90	0.76	1.03
2010.5	12 934.35	3 058.97	0.76	1.08
2010.6	13 067.28	3 155.74	0.76	1.14
2010.7	13 972.84	3 244.90	0.77	1.19
2010.8	14 077.95	3 480.50	0.75	1.25
2010.9	16 921.33	3 970.80	0.77	1.35
2010.10	18 243.83	4 367.80	0.76	1.44
2010.11	19 242.69	4 683.00	0.76	1.53
2010.12	20 080.14	4 941.00	0.75	1.61
2011.1	20 712.33	5 049.80	0.76	1.65

时　间	累积注水量/m³	累积产水量/m³	累积存水率	采出程度/%
2011. 2	21 917. 47	5 184. 90	0. 76	1. 73
2011. 3	22 891. 60	5 420. 60	0. 76	1. 81
2011. 4	24 213. 03	5 664. 20	0. 77	1. 88
2011. 5	25 446. 63	5 909. 40	0. 77	1. 95
2011. 6	26 461. 96	6 170. 10	0. 77	2. 02
2011. 7	27 705. 21	6 448. 30	0. 77	2. 09
2011. 8	29 413. 08	7 078. 80	0. 76	2. 22
2011. 9	31 173. 41	7 607. 70	0. 76	2. 35
2011. 10	32 820. 16	8 062. 60	0. 75	2. 45
2011. 11	34 880. 94	8 564. 50	0. 75	2. 55
2011. 12	35 116. 94	8 893. 60	0. 75	2. 61
2012. 1	37 645. 91	9 408. 70	0. 75	2. 70
2012. 2	39 177. 82	9 877. 84	0. 75	2. 80
2012. 3	40 457. 41	10 395. 30	0. 74	2. 88
2012. 4	41 517. 32	10 895. 80	0. 74	2. 97
2012. 5	42 944. 77	11 394. 60	0. 73	3. 05
2012. 6	44 597. 93	11 895. 40	0. 73	3. 14
2012. 7	45 754. 22	12 310. 70	0. 73	3. 21
2012. 8	46 735. 34	12 669. 20	0. 73	3. 28
2012. 9	47 427. 14	13 060. 50	0. 72	3. 36
2012. 10	47 785. 82	13 529. 50	0. 72	3. 41
2012. 11	48 372. 76	13 876. 70	0. 71	3. 48
2012. 12	49 005. 47	14 166. 20	0. 71	3. 52
2013. 1	50 190. 03	14 616. 00	0. 71	3. 60
2013. 2	50 836. 77	15 267. 10	0. 70	3. 67
2013. 3	52 310. 04	15 939. 70	0. 70	3. 75
2013. 4	53 733. 25	16 748. 05	0. 69	3. 83
2013. 5	54 613. 30	17 492. 69	0. 68	3. 90
2013. 6	56 259. 10	18 289. 90	0. 67	3. 96

作累积存水率与采出程度的关系曲线,如图 5-9 所示。从图中可以看出,T157 区块存水率比较高,但随着开发时间的延长、综合含水的逐步增加,存水率逐渐降低,这说明注水利用率逐年降低。

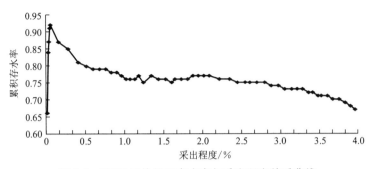

图 5-9　T157 区块累积存水率与采出程度关系曲线

(2) 水驱指数的计算。

注入水有效水驱指数是指某个时间段内每采出单位体积地下原油时存入地层的注入水体积。有效水驱指数越大,注入水水驱油强度越大,采出相同的油需要的注水量越大。显然,注入水有效水驱指数是时间或开发阶段的函数,分为累积水驱指数和阶段水驱指数。

累积水驱指数为存入地下水体积与采出地下原油体积之比,其计算公式为:

$$S_p = \frac{W_i - W_p}{B_o W_o / \rho_o} \tag{5-4}$$

式中　S_p——累积水驱指数,小数;

W_o——累积产油量,t;

B_o——原油体积系数;

ρ_o——原油密度,t/m³。

阶段水驱指数为阶段累积注水量与阶段累积产水量之差与阶段累积采出地下原油体积之比。阶段水驱指数的理论计算公式为:

$$S_{pf} = \frac{\Delta Q_i - \Delta Q_w}{B_o \Delta Q_o / \rho_o} \tag{5-5}$$

式中　S_{pf}——阶段水驱指数,小数。

ΔQ_i——阶段累积注水量,包括人工注水量和水侵量,m³;

ΔQ_w——阶段累积产水量,m³;

ΔQ_o——阶段累积产油量,t。

当有效水驱指数小于 0 时,表明注入水没有起到驱油作用;当有效水驱指数大于 1 时,表明地下注入水体积净增量大于采出原油在地下的体积,属于强化注水开发阶段(完全水驱阶段);当有效水驱指数介于 0～1 之间时,属于混合驱动开发阶段(弹性驱、溶解气驱、重力驱、边水驱及注入水驱共存),有效水驱指数越大,注入水水驱作用越强。

根据表 5-6 数据绘制目标井区有效水驱指数随时间变化图(图 5-10)。从图中可以看出,水驱指数始终大于 1,说明属于完全水驱阶段,地下注入水体积净增量大于采出原油在地下的体积。

表 5-6　水驱指数计算数据表

时　间	累积注水量/m³	累积产油量/t	累积产水量/m³	水驱指数
2009.1	1 173.034	145.22	397.68	4.271 335
2009.2	2 516.687	225.25	405.25	7.498 999
2009.3	3 194.245	284.59	415.70	7.810 661
2009.4	4 772.701	346.39	426.96	10.036 640
2009.5	5 548.517	399.10	436.42	10.247 250
2009.6	6 452.441	975.86	852.04	4.591 151
2009.7	7 063.272	1637.02	1 088.22	2.919 965
2009.8	8 147.764	2 344.74	1 533.64	2.256 668
2009.9	9 208.397	2 984.61	1 806.15	1.984 111
2009.10	10 037.35	3 458.26	2 098.20	1.836 565
2009.11	10 865.41	3 919.17	2 307.03	1.746 978
2009.12	11 682.19	4 322.42	2 487.77	1.701 717
2010.1	12 213.23	4 760.01	2 642.03	1.608 602
2010.2	12 414.25	5 137.60	2 777.24	1.500 624
2010.3	12 536.16	5 462.84	2 878.90	1.414 248
2010.4	12 698.41	5 807.26	2 989.90	1.337 431
2010.5	12 934.35	6 089.21	3 058.97	1.297 427
2010.6	13 067.28	6 425.89	3 155.74	1.233 951
2010.7	13 972.84	6 718.97	3 244.90	1.277 331
2010.8	14 077.95	7 059.55	3 480.50	1.200 921
2010.9	16 921.33	7 638.30	3 970.80	1.356 378
2010.10	18 243.83	8 147.83	4 367.80	1.362 427
2010.11	19 242.69	8 639.50	4 683.00	1.348 197
2010.12	20 080.14	9 098.64	4 941.00	1.331 112
2011.1	20 712.33	9 320.687	5 049.80	1.344 324
2011.2	21 917.47	9 749.876	5 184.9	1.372 946
2011.3	22 891.60	10 216.33	5 420.6	1.368 084

时　间	累积注水量/m³	累积产油量/t	累积产水量/m³	水驱指数
2011.4	24 213.03	10 610.15	5 664.2	1.398 572
2011.5	25 446.63	11 004.75	5 909.4	1.420 276
2011.6	26 461.96	11 419.75	6 170.1	1.421 527
2011.7	27 705.21	11 828.83	6 448.3	1.437 634
2011.8	29 413.08	12 560.76	7 078.8	1.422 480
2011.9	31 173.41	13 255.99	7 607.7	1.422 192
2011.10	32 820.16	13 856.49	8 062.6	1.429 370
2011.11	34 880.94	14 408.30	8 564.5	1.461 182
2011.12	35 116.94	14 741.05	8 893.6	1.423 146
2012.1	37 645.91	15 264.34	9 408.7	1.479 905
2012.2	39 177.82	15 806.82	9 877.84	1.482 903
2012.3	40 457.41	16 275.86	10 395.3	1.477 629
2012.4	41 517.32	16 757.29	10 895.8	1.461 884
2012.5	42 944.77	17 233.97	11 394.6	1.464 557
2012.6	44 597.93	17 707.13	11 895.4	1.477 485
2012.7	45 754.22	18 129.62	12 310.7	1.475 752
2012.8	46 735.34	18 520.78	12 669.2	1.471 478
2012.9	47 427.14	18 950.36	13 060.5	1.450 807
2012.10	47 785.82	19 267.47	13 529.5	1.422 348
2012.11	48 372.76	19 616.63	13 876.7	1.406 809
2012.12	49 005.47	19 884.64	14 166.2	1.401 656
2013.1	50 190.03	20 322.02	14 616.0	1.400 413
2013.2	50 836.77	20 704.51	15 267.1	1.374 374
2013.3	52 310.04	21 149.59	15 939.7	1.375 737
2013.4	53 733.25	21 629.41	16 748.05	1.367 960
2013.5	54 613.30	22 000.41	17 492.69	1.349 815
2013.6	56 259.10	22 374.06	18 289.9	1.357 615

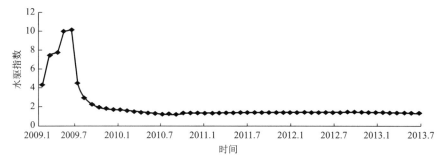

图 5-10　T157 区块水驱指数变化曲线

5. 油藏采收率预测

下面运用多种方法对目标井区的采收率和可采储量进行预测,了解油田的物质基础。

1) 水驱油理论法

水驱采收率为驱油效率与体积波及系数的乘积,其表达式为:

$$E_R = E_d E_v \tag{5-6}$$

式中　E_R——水驱采收率,小数;

　　　E_d——驱油效率,小数;

　　　E_v——体积波及系数,小数。

由水驱油实验可知,注水驱油效率为 0.467。体积波及系数使用流度及变异系数进行计算:

$$E_v = \frac{1 - V_k^2}{M} \tag{5-7}$$

$$M = \frac{K_{rw}(S_{or})}{K_{ro}(S_{wi})} \frac{\mu_o}{\mu_w} \tag{5-8}$$

式中　V_k——渗透率变异系数,小数;

　　　M——流度比,小数;

　　　$K_{ro}(S_{wi})$——束缚水饱和度对应的油相相对渗透率,小数;

　　　$K_{rw}(S_{or})$——残余油饱和度对应的水相相对渗透率,小数;

　　　μ_o, μ_w——油、水相黏度,mPa·s。

由以上公式得到体积波及系数为 0.471,因此通过水驱油理论法计算得到的采收率为 22%。

2) 水驱曲线法

整理 T157 区块 2008 年 12 月至 2013 年 6 月的生产数据,将整理后的数据采用水驱曲线法计算其采收率。

甲型水驱曲线公式:

$$\lg W_p = A + B N_p \tag{5-9}$$

由式(5-9)可以得到:

$$N_p = a + b \lg W_p \tag{5-10}$$

式中 W_p——累积产水量,t;

N_p——累积产油量,t

A,B——系数。

其中,$a=-A/B$;$b=1/B$。

由甲型水驱曲线直线段的 A 和 B 值,估算可采储量的关系式为:

$$N_R = \frac{\lg(21.28/B)-A}{B} \tag{5-11}$$

水驱采收率公式为:

$$E_R = \frac{N_R}{N} \tag{5-12}$$

式中 E_R——水驱采收率,%;

N——地质储量,t。

由甲型水驱曲线(图 5-11)得到 $A=3.2092$,$B=5\times10^{-5}$,又知地质储量 $N=45.8\times10^4$ t,可以得到预测采收率为 10.57%。

3)陈元千相关经验公式(水驱砂岩油藏)

$$E_R = 0.2143\left(\frac{K}{\mu_o}\right)^{0.1316} \tag{5-13}$$

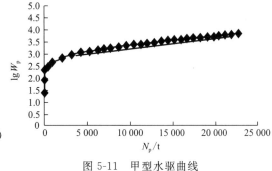

图 5-11 甲型水驱曲线

本区平均渗透率 $K=0.85\times10^{-3}\ \mu m^2$,原油黏度 $\mu_o=5.755\ mPa\cdot s$,用陈元千相关经验公式法计算得到采收率为 16.66%。

本区用 3 种方法计算得到的注水开发采收率见表 5-7。综合以上 3 种方法认为,本区注水开发采收率为 16.41%。

表 5-7 注水开发采收率预测表

水驱油理论法	水驱曲线法	陈元千经验公式	综合取值
22%	10.57%	16.66%	16.41%

6. 小结

自 2008 年 8 月投产开发以来,该油藏利用地层原始能量开采,产油量较低,于 2008 年 12 月进行注水开采,油藏累计注采比为 1.355,综合含水 57% 左右,单井产液量为 0.38~0.40 m^3/d。随着注水井的完全投注,该井区产油量有所上升,但仍有部分油井见不到注水效果,影响注水开发的整体效果。该油田面临着许多亟须解决的问题:

(1)单井产液量较低,地层能量持续下降,难以使油井保持合理的产量生产;

(2)注水井井口压力持续升高,注水压力接近裂缝延伸压力,提高注水能力较困难;

(3)水驱控制程度较低,部分井层注采结构不完善。

因此,T157 区块需要采取增油控水措施。

5.1.2 GGY-T114 井区大通道识别

1. T157 区块连通性分析

隶属 T114 井区的 T157 区块位于 T114 井区的北部。通过对井区内油水井的生产动态分析,结合沉积微相分析、示踪剂测试、吸水剖面测试等资料,初步判断试验区的连通情况,分析导致各井问题现状的原因,给出初步的综合治理措施。下面就生产资料分析每个高含水油井井组的见水见效情况。

各井组的整体情况、生产动态分析以及建议的治理方案如下。

1）T157-2 井组

T157-2 井组的位置如图 5-12 所示。T157-2 注水井射孔层位为长 6_1^1,相关油井为 1297-6 井、1299-4 井、1299-5 井、1299-6 井和 T157 井(表 5-1 和表 5-2)。

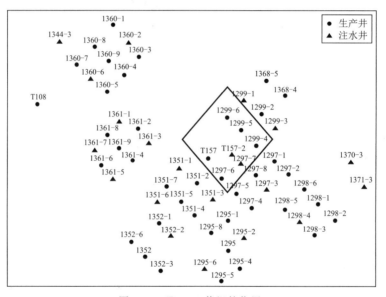

图 5-12　T157-2 井组的位置

由沉积微相可知,T157-2 注水井位于分流河道,周围油井 1297-6 井、1299-4 井、1299-5 井、1299-6 井和 T157 井也都位于分流河道,所以初步判断井间连通性较好。

2012 年 9 月 14 日利用同位素示踪载体法测得了 T157-2 井的吸水剖面。本次测井共测出 1 个吸水层段,位于 544.1～554.3 m,吸水厚度为 10.2 m,吸水率 100%;同位素曲线在该段有明显的异常显示,井温也有明显的负异常反应,综合解释为吸水层。

从注水趋势来看,吸水层段中部 550～552 m 处具有一个稍小的尖峰,即将来相对其他层位更易形成突进。因此,当吸水剖面出现突进时,建议对该处进行适当调堵,以提高整个储层的波及系数。

由注采对应曲线(图 5-13)可以看出:

(1) T157-2 井初期的视吸水指数相对正常,2012 年 9 月之后视吸水指数明显增大,吸水能力增强,这可能是由于 2012 年 9 月之后采取过措施。

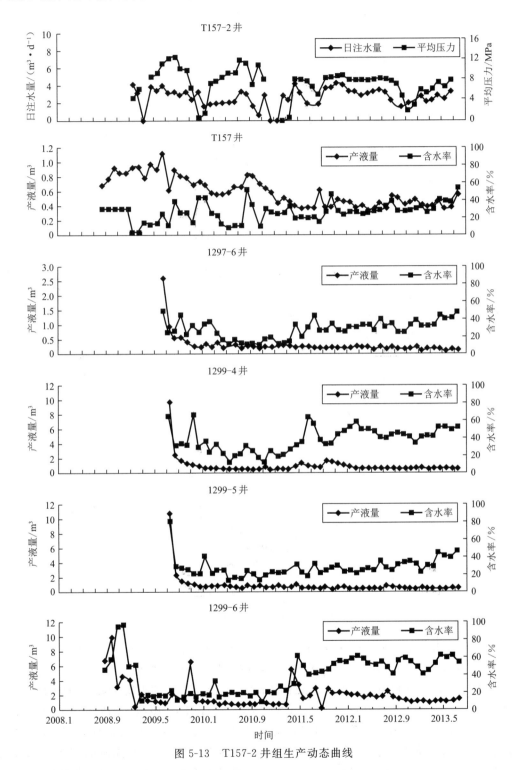

图 5-13 T157-2 井组生产动态曲线

（2）与之对应的油井中，T157 井和 1299-6 井与 T157-2 井对应明显，注水开发效果较好。

（3）1297-6 井、1299-4 井、1299-5 井与 T157-2 井对应不明显，其中 1297-6 井和 1299-5 井产液不足，需要进行酸化处理，而 1299-4 井开发效果较好，近期不需采取治理措施。

综合分析得到井间连通性结果如下（图 5-14）：

（1）T157 井与 T157-2 井连通性较好，而且 T157 井开发效果较好，建议近期正常生产。

（2）1299-6 井与 T157-2 井注采对应比较明显，但 1299-6 井产液量一直不足，推测可能是近井堵塞，建议进行酸化压裂处理。

（3）1299-5 井和 1297-6 井与 T157-2 注采动态对应不明显，产液量不足，建议进行酸化压裂处理。

（4）1299-4 井产液稳定，与 T157-2 井间不存在窜流通道，建议正常生产。

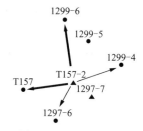

图 5-14　T157-2 井组连通性示意图

2）1295-2 井组

1295-2 井射孔层段为长 6_1^1 和长 6_2^2，周围关联较大的油井有 1295 井、1295-1 井、1295-4 井、1298-3 井和 1298-5 井（表 5-1 和表 5-2）。

1295-2 井的井组位置如图 5-15 所示。

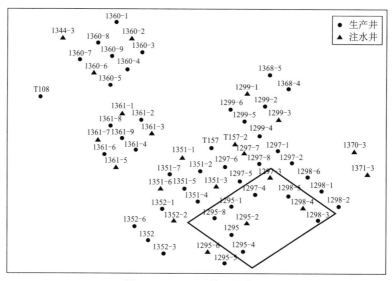

图 5-15　1295-2 井组的位置

由 1295-2 井组的沉积微相可知，1295-2 井和周围对应油井 1295 井、1295-1 井、1295-4 井、1298-3 井和 1298-5 井均位于分流河道，初步判断井间连通性较好。

2012 年 9 月 5 日利用同位素示踪载体法测得了 1295-2 井的吸水剖面。由吸水剖面测试可知：本井的吸水层为 510.0～520.6 m 和 561.4～566.1 m，吸水层的同位素曲线反应明显，而且与对应层段的能谱点测结果吻合，温度曲线的负异常变化也比较明显；射孔段的吸水比较均匀，由同位素形态来看，属于孔隙型吸水，本井的第一个射孔段的相对吸水量占 49.68%，第二个射孔段的相对吸水量占 50.32%，为主力吸水层，本井吸水状况良好。

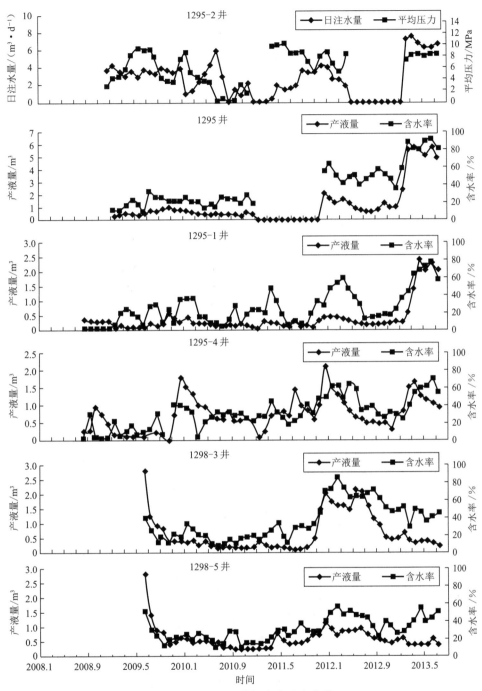

图 5-16 1295-2 井组生产动态曲线

由注采对应曲线(图 5-16)可看出:

(1) 1295-2 井的变化较大,在 2010 年 1 月到 2011 年 5 月之间日注水量先迅速增大后迅速减小,然后又迅速增大,可能进行过压裂和调剖处理;1295-2 井对应的油井普遍含水较高,因此 1295-2 井需要进行调剖处理。

（2）1298-3 井和 1298-5 井与 1295-2 井对应不明显，含水率目前保持在较低水平，注水开发效果好。

（3）1295-4 井、1295 井、1295-1 井与 1295-2 井对应明显，2013 年 1 月之后含水率上升较快，结合注采动态和吸水剖面可知，1295 井、1295-1 井可能与 1295-2 井之间存在窜流通道，需进行堵水治理；另外 1295 井产液量过高，这是由于油井大幅提液造成近井带低压，导致流度较低的水相突进更加严重，使得含水率上升迅速，因此，1295 井还需控制产液量，按照原有工作制度进行稳定生产。

综合以上分析结果，可以得到 1295-2 井组的井间连通图（图 5-17），井间连通性为：

（1）1295 井与 1295-2 井连通性较好，两井之间可能存在窜流通道，建议进行堵水治理，并需控制产液量。

（2）1295-1 井与 1295-2 井连通性较好，两井之间可能存在窜流通道，建议进行堵水治理。

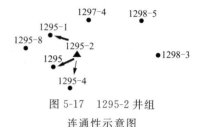

图 5-17 1295-2 井组
连通性示意图

（3）1295-4 井与 1295-2 井注采对应明显，但含水正常，开发效果较好，近期无需治理，建议正常生产。

（4）1298-3 井产液相对 2012 年 7 月明显下降，与 1295-2 井连通性差，建议进行酸化压裂处理。

（5）1298-5 井与 1295-2 井注采对应不明显，连通性不好，但开发效果较好，近期无需治理，建议正常生产。

3）1295-6 井组

1295-6 井组位置如图 5-18 所示。1295-6 井组周围油井为 1295-4 井、1295-5 井和 1295-8 井（表 5-1），井组各井的射孔层位见表 5-8。

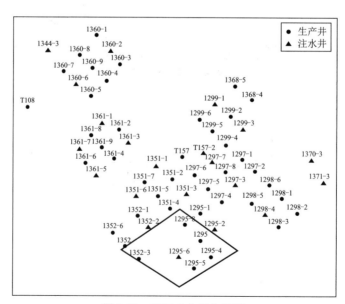

图 5-18 1295-6 井组位置图

表 5-8 1295-6 井组各井射孔层位

井 号	井 别	射孔层位
1295-6	注水井	长 6_2^1
1295	生产井	长 6_1^1
1295-4	生产井	长 6_1^1、长 6_2^1
1295-5	生产井	长 6_1^1、长 6_2^1
1295-8	生产井	长 6_1^1、长 6_2^1
1352-3	生产井	长 6_1^2

由注采层位对应可以排除 1295 井、1352-3 井与 1295-6 注水井之间存在大孔道的可能性。

由 1295-6 井组的沉积微相可知,1295-6 井及对应油井均处于分流河道,初步判断各井间连通性较好。

2012 年 11 月 18 日利用同位素示踪载体法测得了 1295-6 井的吸水剖面。本次测井共测出 1 个吸水层段,位于 524.8～536.0 m,吸水厚度为 11.2 m,吸水率 100%。同位素曲线在该段有明显的异常显示,井温也有明显的负异常反应,综合解释为吸水层。整个吸水剖面不均匀,有两个尖峰,易造成注水突进。

注采对应曲线(图 5-19)显示:

(1)1295-6 井视吸水指数较低,注入压力较为平稳,可以排除存在窜流通道的可能。

(2)1295-5 井与 1295-6 井关联性差,产液不足,建议进行酸化压裂处理。

(3)1295-4 井在 2009 年 7 月之后伴随着注水井注入量增大而增产明显,与 1295-6 井对应明显,注水开发效果较好,建议正常生产。

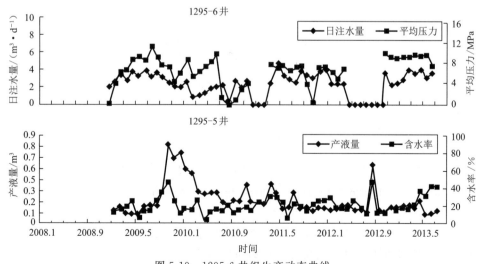

图 5-19 1295-6 井组生产动态曲线

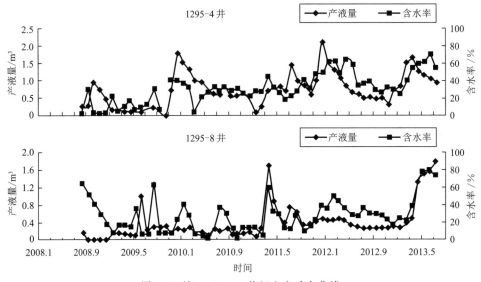

图 5-19(续)　1295-6 井组生产动态曲线

（4）1295-8 井从 2013 年 3 月开始含水上升明显，但与 1295-6 井对应不明显，但并不能排除两井之间存在窜流通道的可能，因此建议对 1295-6 井进行关停井测试。

综合以上分析得到 1295-6 井组的连通性关系图（图 5-20），连通性为：

（1）1295-4 井与 1295-6 井连通性较好，而且注水开发效果较好，建议正常生产。

（2）1295-5 井与 1295-6 井连通性不好，而且产液不足，建议进行酸化压裂处理。

（3）1295-8 井与 1295-6 井对应不明显，连通性不好，建议先进行堵水处理，然后分析周围其他注水井以确定水的来源。

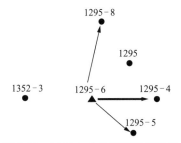

图 5-20　1295-6 井组连通性示意图

4）1297-3 井组

1297-3 井组的位置如图 5-21 所示。1297-3 井的射孔层位为长 6_1^1，周围对应的油井为 1297-5 井、1297-8 井和 1298-5 井，其中，1297-5 井、1297-8 井和 1298-5 井与 1297-3 井关联较大（表 5-1 和表 5-2）。

整个 T157 区块均位于分流河道，初步判断井间连通性较好。

由 1297-3 井组的注采对应曲线（图 5-22）可以看出：

（1）1297-3 井的注入压力偏低，吸水能力较好，视吸水指数在 2012 年 9 月之后开始迅速增大。

（2）1297-5 井与 1297-3 井对应明显,但 1297-5 井的产液量一直不足,注水开发效果一般,可能是由于油井井筒附近堵塞,建议进行酸化压裂处理。

（3）1297-8 井、1298-5 井与 1297-3 井对应较明显,注水见效好,产液量稳定,建议正常生产。

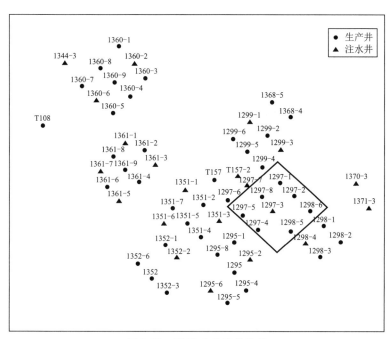

图 5-21　1297-3 井组的位置

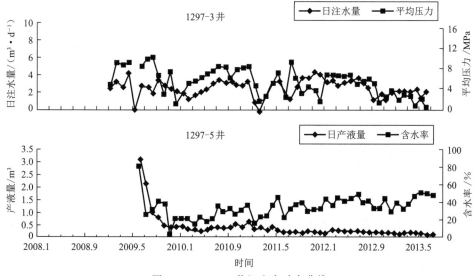

图 5-22　1297-3 井组生产动态曲线

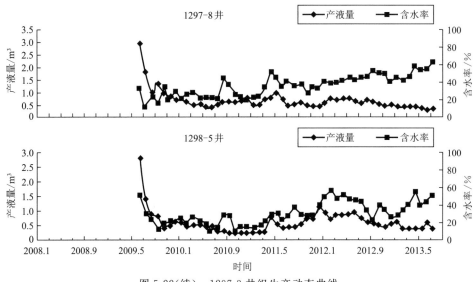

图 5-22(续) 1297-3 井组生产动态曲线

综合以上分析结果,可以得到井组间连通性关系图(图 5-23),连通性为:

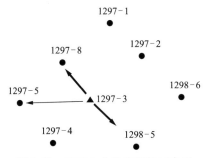

图 5-23 1297-3 井组连通性示意图

(1) 1297-8 井与 1297-3 井连通性较好,注采对应明显且开发效果较好,建议正常生产。

(2) 1298-5 井与 1297-3 井连通性较好,注采对应明显且开发效果较好,建议正常生产。

(3) 1297-5 井与 1297-3 井注采对应不明显,井间连通性差,产液不足,可能是近井周围堵塞,建议进行酸化压裂处理。

5) 1297-7 井组

1297-7 井组位置如图 5-24 所示。1297-7 注水井的射孔层段为长 6_1^1 和长 6_1^2,相关油井为 T157 井、1297-1 井、1297-5 井、1297-6 井、1297-8 井、1299-4 井和 1299-5 井(表 5-1 和表 5-2)。

由于 T157 区块位于分流河道,1297-7 井组内各井均位于分流河道,因此彼此间连通性较好。

注采对应曲线(图 5-25)显示:

(1) 1297-7 井在 2013 年 2 月之后注水压力上升,视吸水指数下降。

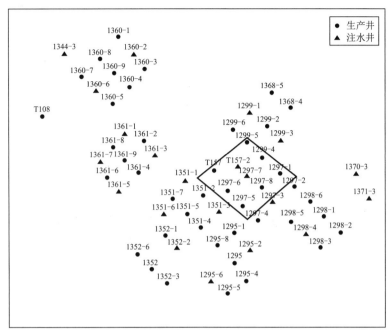

图 5-24 1297-7 井组的位置

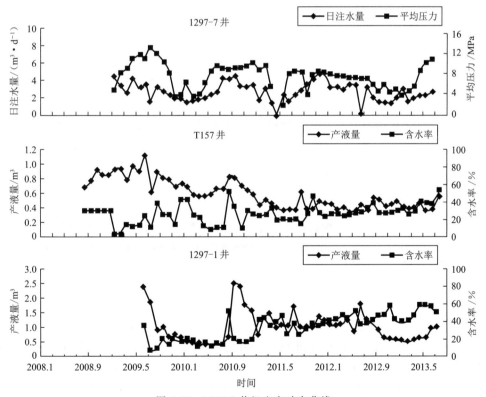

图 5-25 1297-7 井组生产动态曲线

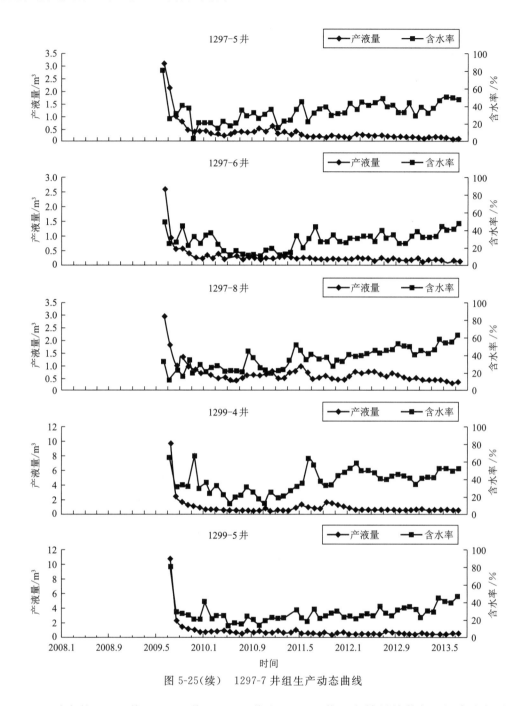

图 5-25(续)　1297-7 井组生产动态曲线

　　(2) 对应的 T157 井、1297-1 井、1297-8 井和 1299-4 井开发效果均较好,注采对应明显。

　　(3) 油井 1297-5 井、1297-6 井和 1299-5 井均与 1297-7 井关联不大,而且产液量一直不足,因此建议对 1297-5 井和 1297-6 井采取改造措施,提高油井产液量。

　　综合以上分析结果可以得到 1297-7 井的井间连通图(图 5-26),连通性为:

　　(1) T157 井与 1297-7 井注采对应比较明显,连通性较好且开发效果好,近期不需采取治理措施,建议正常生产。

（2）1297-1 井 1297-7 井注采对应比较明显，连通性较好且注水开发效果好，近期不需采取治理措施，建议正常生产。

（3）1297-5 井与 1297-7 井注采不对应，井间连通性差，导致产液量不足，建议进行酸化压裂处理。

（4）1297-6 井与 1297-7 井注采不对应，井间连通性差，导致产液量不足，建议进行酸化压裂处理。

（5）1297-8 井与 1297-7 井注采对应明显，但生产效益较好，近期不需采取治理措施，建议正常生产。

（6）1299-4 井与 1297-7 井注采对应明显，井间连通性好且注水开发效果较好，建议正常生产。

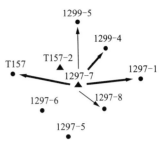

图 5-26　1297-7 井组连通性示意图

（7）1299-5 井与 1297-7 井注采动态对应不明显，产液量不足，井间连通性差，建议进行酸化压裂。

6）1298-4 井组

1298-4 井组位置如图 5-27 所示。1298-4 井的射孔层位是长 6_1^1，周围相关油井为 1298-2 井、1298-3 井和 1298-5 井（表 5-1 和表 5-2）。

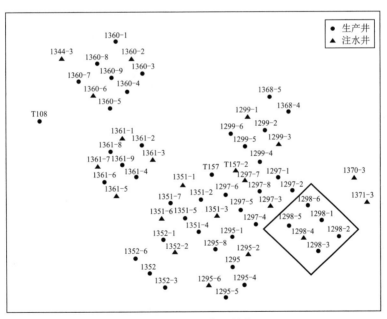

图 5-27　1298-4 井组的位置

2012 年 11 月 30 日通过同位素示踪载体法得到 1298-4 井的吸水剖面。本次测井共测出 1 个吸水层段，位于 473.2～483.0 m，吸水厚度为 9.8 m，吸水率 100%，吸水能力较好。同位素曲线在该段有明显的异常显示，井温也有明显的负异常反应，综合解释为吸水层。

注采对应曲线（图 5-28）表明：

（1）1298-4 井的注水压力和日注水量正常，建议正常注水。

（2）对应的 1298-2 井与 1298-4 井关联并不明显，而且产液量不足，因此 1298-2 井需进行酸化压裂以提高产液能力。

（3）1298-3 井产液量明显下降，建议酸化压裂处理。

（4）1298-5 井产液比较稳定，开发效果较好，建议正常生产。

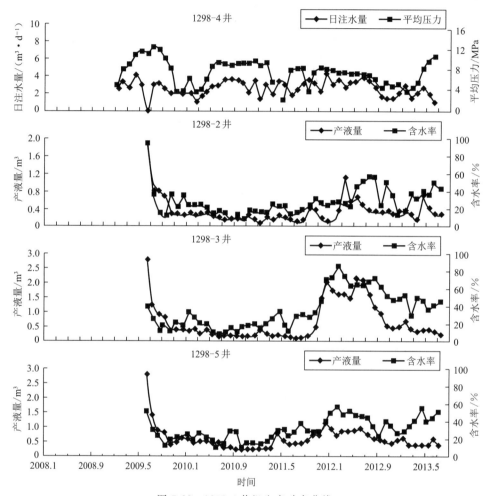

图 5-28　1298-4 井组生产动态曲线

综合以上分析结果可以得到 1298-4 井组的井间连通图（图 5-29），连通性为：

（1）1298-5 井与 1298-4 井注采对应明显，连通性较好，由于注采开发效果好且含水率较低，近期不需采取治理措施，建议正常生产。

（2）1298-2 井与 1298-4 井连通性差，产液量不足，建议进行酸化压裂处理。

（3）1298-3 井与 1298-4 井连通性较差，产液量自 2012 年 7 月开始明显下降，建议进行酸化压裂处理。

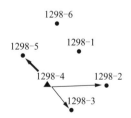

图 5-29　1298-4 井组连通性示意图

7）1299-1 井组

1299-1 井组的位置如图 5-30 所示。

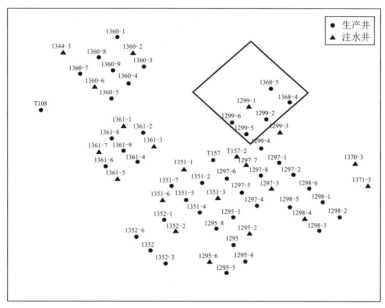

图 5-30　1299-1 井组的位置

1299-1 井于 2009 年 1 月投注，截至 2013 年 6 月，累积注水量为 3 397.27 m³。由 1299-1 注水井的射孔层位（表 5-9）得到周围相关油井为 1299-2 井、1299-5 井、1299-6 井、1368-4 井和 1368-5 井。

表 5-9　1299-1 井组各井射孔层位

井　号	井　别	射孔层位
1299-1	注水井	长 6_1^1
1299-2	生产井	长 6_1^1
1299-5	生产井	长 6_1^1
1299-6	生产井	长 6_1^1
1368-4	生产井	长 6_1^1
1368-5	生产井	长 6_1^1

由于 T157 区块位于分流河道，因此 1299-1 井组也位于分流河道，井间连通性较好。

2012 年 9 月 14 日利用同位素示踪载体法测得了 1299-1 井的吸水剖面。本次测井共测出 1 个吸水层段，位于 515.7～528.6 m，吸水厚度为 12.9 m，吸水率 100%，吸水良好；同位素曲线在该段有明显的异常显示，井温也有明显的负异常反应，综合解释为吸水层。吸水剖面 521～522 m 处有尖峰，易造成注入水的突进。

注采对应曲线（图 5-31）表明：

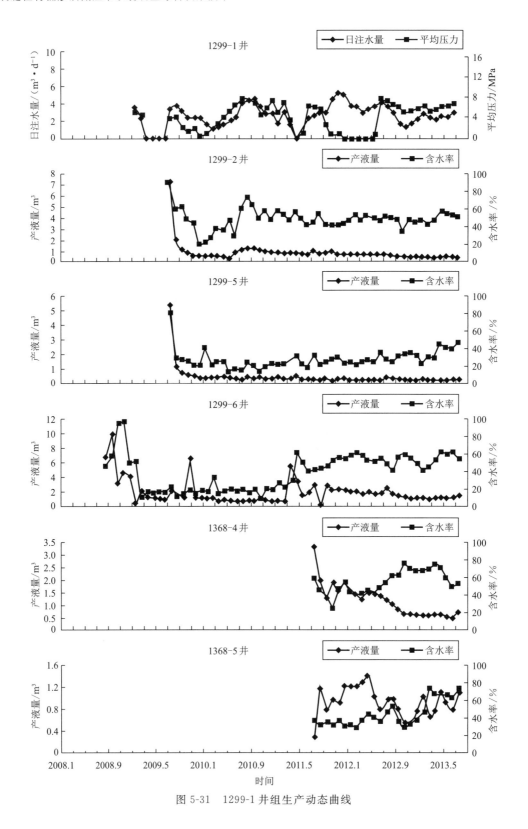

图 5-31　1299-1 井组生产动态曲线

(1) 1299-1 井从 2012 年 7 月开始注水量下降,对应的 1368-5 井含水率下降明显;11 月注水量增加,对应的 1368-5 井含水率迅速升高,因此 1299-1 井和 1368-5 井之间可能存在窜流通道,建议对 1368-5 井进行堵水治理。

(2) 1299-2 井产液量和含水率变化也一直比较平稳,与 1299-1 井注采对应不明显,井间连通性较差,但 1299-2 井的开发效果较好,近期不需处理。

(3) 1299-5 井与 1299-1 井对应并不明显,产液量一直不足,与周围井的连通性差,注水开发未见效果,因此建议先对 1299-5 井进行酸化压裂以增加产液能力。

(4) 1299-6 井与 1299-1 井对应较为明显。2012 年 3 月开始 1299-1 井日注水量增加,对应的 1299-6 井产液量存在上升趋势,但并不明显,2012 年 10 月开始日注水量下降,对应的 1299-6 井含水率和产液量均有不明显的下降趋势。因此,1299-6 井与 1299-1 井间连通性较好,但由于其产液量一直较低,建议酸化压裂处理。

(5) 1368-4 井的产液与 1299-1 井的注水对应较明显,同时 1368-4 井的含水率保持稳定下降的趋势,开发效果较好。

综合以上分析可以得到 1299-1 井组的井间连通性示意图(图 5-32),连通性为:

(1) 1368-5 井与 1299-1 井之间存在窜流通道,建议进行堵水处理。

(2) 1368-4 井与 1299-1 井之间连通性较好,注采对应明显,建议正常生产。

(3) 1299-2 井与 1299-1 井间连通性较差,但开发效果较好,近期建议正常生产。

(4) 1299-5 井与 1299-1 井间连通性较差,产液量不足,建议进行酸化压裂处理。

(5) 1299-6 井产液量较低,建议进行酸化压裂处理。

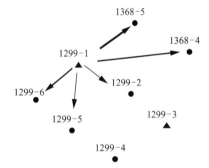

图 5-32　1299-1 井组连通性示意图

8) 1299-3 井组

1299-3 井的射孔层位是长 6_1^1 和长 6_1^2,周围关联较大的油井为 1297-1 井、1299-2 井、1299-4 井和 1299-5 井(表 5-1 和表 5-2)。

2012 年 11 月 23 日利用同位素示踪载体法得到 1299-3 井的吸水剖面。本次测井共测出 1 个吸水层段,位于 523.2~540.3 m,吸水厚度为 17.1 m,吸水率 100%。同位素曲线在该段有明显的异常显示,井温也有明显的负异常反应,综合解释为吸水层。1299-3 井的吸水剖面整体比较均匀,表明该井的整个吸水层段具有较好的均质性,吸水性较好。

注采对应曲线(图 5-33)表明:

(1) 1299-3 井的注入压力较为平稳,注入量从 2011 年 12 月开始下降,2013 年 1 月恢复到平均水平,视吸水指数变化不大,吸水能力较强,建议正常注水。

(2) 1297-1 井随着注水量的增加,产液量也增加,同时含水率降低,注采效果较好,建议正常生产。

(3) 1299-2 井和 1299-4 井的注水开发效果均较好,注采对应明显而且产液量较稳定,因此建议 1299-2 井和 1299-4 井正常生产。

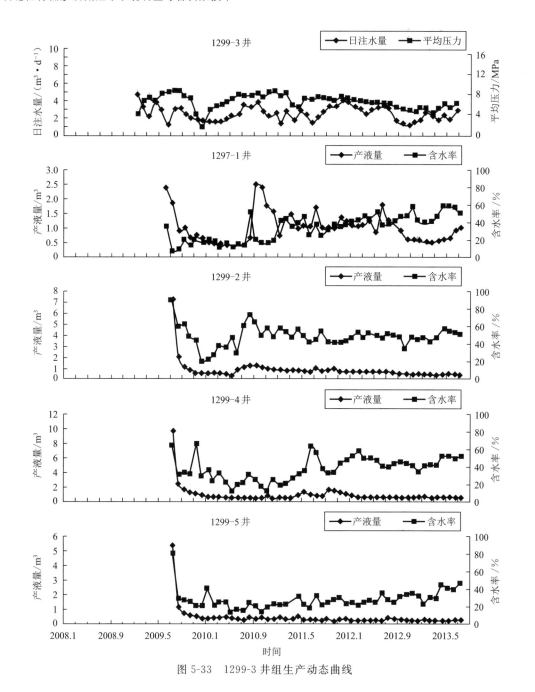

图 5-33 1299-3 井组生产动态曲线

（4）1299-5 井产液量一直不足，与 1299-3 井的注采曲线对应并不明显，这说明 1299-5 井与周围井的连通性较差，建议进行酸化压裂处理以提高渗流能力，提高产液量。

9）1344-3 井组

1344-3 井的射孔层段为长 6_1^1，周围关联较大的油井为 T108 井、1360-1 井、1360-7 井、1360-8 井（表 5-1 和表 5-2）。

由注采对应曲线（图 5-34）可以看出：

（1）T108 井、1360-7 井和 1360-8 井开发效果较好，建议正常生产。

（2）由于 1344-3 井为 2012 年 12 月新打的注水井，注水资料较少，因此周围油井与1344-3 井的连通性难以判断。

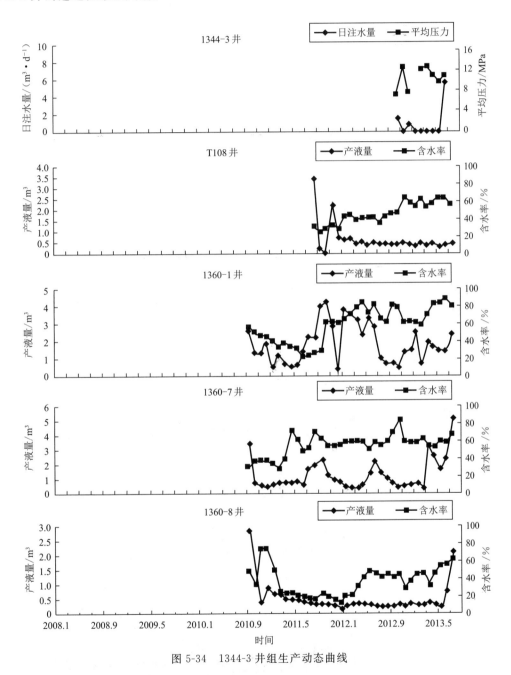

图 5-34　1344-3 井组生产动态曲线

（3）1360-1 井含水率于 2011 年 12 月开始迅速上升，因此该井与其他注水井之间应存在窜流通道；2013 年 3 月开始含水率上升更加明显且迅速，因此在 1344-3 井和 1360-1 井之间是否也存在窜流通道难以判断。建议先分别关闭周围注水井测试产液和含水率情况，判定窜流通道位置,然后再对 1360-1 井进行堵水处理。

10) 1351-1 井组

1351-1 井的射孔层位为长 6_1^1 和长 6_1^2,周围关联较大的油井为 T157 井、1351-2 井、1351-5 井、1351-7 井(表 5-1 和表 5-2)。

由注采对应曲线(图 5-35)可以看出:

(1) 1351-1 井的视吸水指数一直较低,而周围油井的开发效果较好,1351-1 井从 2009 年 5 月以后基本停注,因此难以判断 1351-1 井与周围油井的连通性。

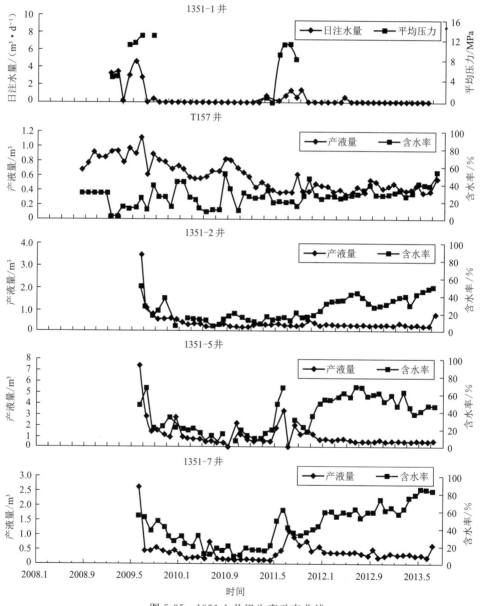

图 5-35　1351-1 井组生产动态曲线

（2）1351-7 井从 2013 年 2 月开始,含水率上升至 80%,而产液量却一直很低,因此 1351-7 井周围可能堵塞,建议对 1351-7 井进行酸化压裂,然后对 1351-1 井进行调驱处理。

（3）周围其余大部分油井(T157 井、1351-2 井、1351-5 井)开发效果较为理想,近期不需采取治理措施,建议正常生产。

11）1351-3 井组

1351-3 井的射孔层位是长 6_1^1,周围关联较大的油井为 1295-1 井、1295-8 井、1297-5 井、1297-6 井、1351-2 井、1351-4 井和 1351-5 井。

注采对应曲线(图 5-36)显示:

（1）1351-3 井的视吸水指数于 2013 年 1 月开始迅速增大,这可能是由于采取了治理措施。周围对应油井 1297-5 井和 1297-6 井的生产动态曲线和注水曲线对应不明显,且产液量不足,与周围井的连通性差,因此建议对这两口井进行酸化压裂处理以增大渗流能力,提高产量。

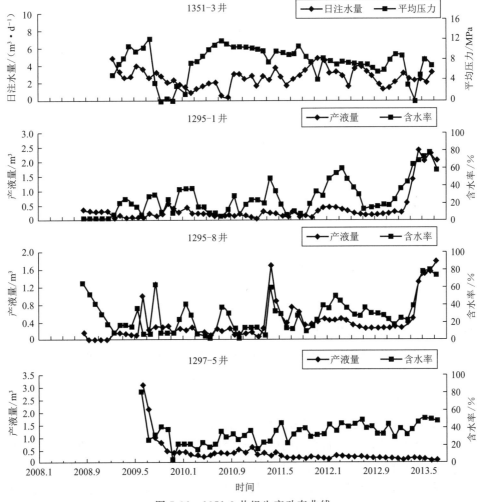

图 5-36　1351-3 井组生产动态曲线

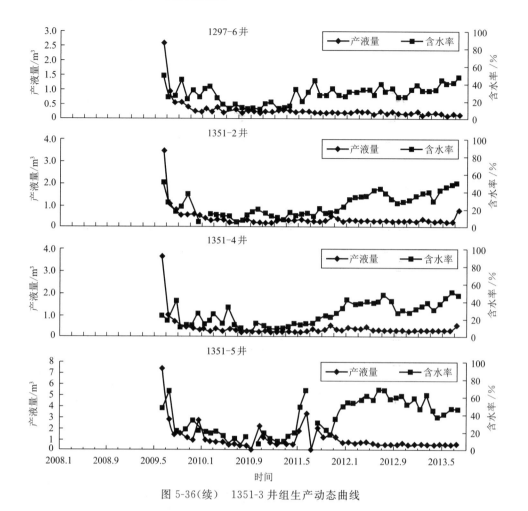

图 5-36(续)　1351-3 井组生产动态曲线

（2）1351-2 井、1351-4 井和 1351-5 井的注采动态对应明显。2012 年 7 月,1351-3 井的注水量下降,随后对应的 3 口油井的含水率明显下降,因此 1351-2 井、1351-4 井和 1351-5 井与注水井 1351-3 连通性好,注水开发效果较好,建议正常生产。

（3）2013 年 2 月之后,1295-1 井和 1295-8 井的含水率和产液量都有大幅提升。1295-1井与 1351-3 井注采动态对应并不明显,可以排除窜流通道的存在,因此推测其含水率迅速上升可能是因为与其他注水井之间存在窜流通道,1295-2 井组的分析证明了这一点。1295-8 井同样与 1351-3 井注采对应不明显,从而排除两井间存在窜流通道的可能,1295-6 井组的分析表明 1295-8 井与 1295-6 井之间可能存在窜流通道。

12）1351-6 井组

1351-6 井的射孔层位是长 6_1^1,周围关联较大的油井为 1351-5 井、1351-7 井和 1361-4 井(表5-1 和表 5-2)。2012 年 12 月 3 日利用同位素示踪载体法得到了 1351-6 井的吸水剖面,可以看到 1351-6 井只有 1 个吸水层段,位于 579.7～592.0 m,吸水厚度为 12.3 m;同位素曲线在该段有明显的异常显示,井温也有明显的负异常反应,综合解释为吸水层。吸水层段的吸水率为100%,吸水较好,但在 584～586 m 之间有一个明显的尖峰,因此容易造成注入水突进。建议吸水剖面出现突进时对该处进行适当调堵,从而提高整个储层的波及系数。

注采对应曲线(图 5-37)表明:

(1) 2012 年 7 月开始,1351-6 井的注入压力开始升高,视吸水指数开始明显减小,吸水能力变弱。

(2) 油井 1351-5 井与 1351-6 井对应明显,2011 年 5 月开始,1351-6 井注入量增加,对应的 1351-5 井的含水率明显升高,这说明 1351-5 井与 1351-6 井的连通性好,注水开发效果较好,建议进行正常生产。

(3) 1351-7 井从 2011 年 9 月开始含水率显著上升,后期达到 80% 以上,因此井筒附近可能存在堵塞,建议先对 1351-7 井进行酸化压裂处理以提高产液能力,然后对 1351-6 井进行调驱。

(4) 1361-4 井与 1351-6 井注采对应并不明显,1361-4 井在 2012 年 9 月之后含水率明显升高后又恢复正常水平,怀疑它与其他注水井之间存在大的渗流通道,不过近期不需要治理,建议正常生产。

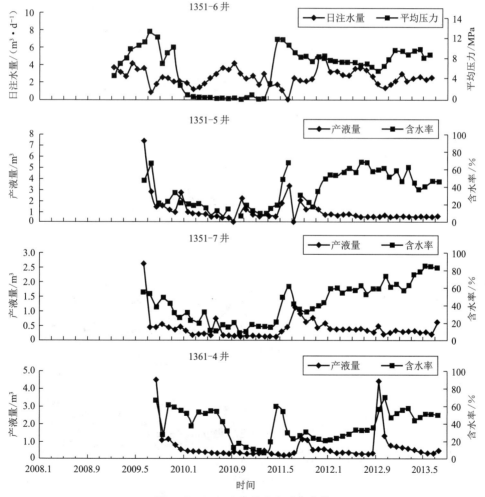

图 5-37　1351-6 井组生产动态曲线

13）1360-2 井组

1360-2 井的射孔层位为长 6_1^1，周围关联较大的油井为 1360-1 井、1360-3 井、1360-4 井、1360-8 井和 1360-9 井。

利用同位素示踪载体法得到了 1360-2 井的吸水剖面，该井的吸水层段位于 534.0～545.8 m，吸水厚度为 11.8 m，吸水剖面整体比较均匀，因此 1360-2 井吸水具有良好的均质性。

注采动态对应曲线（图 5-38）表明：

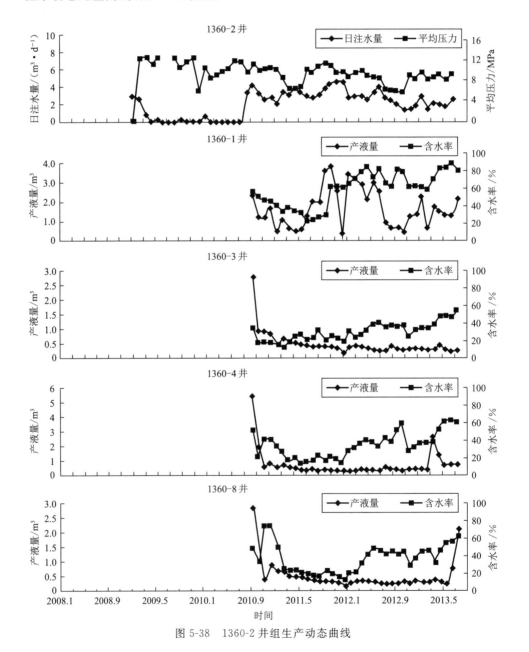

图 5-38　1360-2 井组生产动态曲线

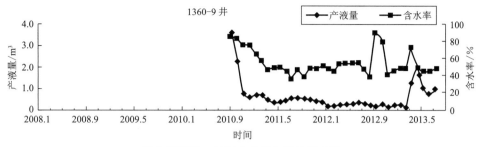

图 5-38(续)　1360-2 井组生产动态曲线

(1) 1360-3 井与 1360-2 井对应较明显,连通性较好,注水效果明显,但 1360-3 井在 2011 年之后一直产液量不足,建议对其进行酸化压裂处理以提高产液能力。

(2) 1360-4 井、1360-8 井和 1360-9 井与 1360-3 井的注采曲线对应明显,说明各井与注水井之间的连通性较好,且注水开发的效果明显,建议正常生产。

(3) 2011 年 10 月开始,1360-1 井含水率和产液量迅速上升,通过对应 1360-2 井的注水曲线可以看到,2011 年 9 月开始 1360-2 井的注水量增加,因此推测 1360-1 井与 1360-2 井之间存在窜流通道。结合 1344-3 井组的分析,可以确定 1360-1 井与 1360-2 井之间存在窜流通道。因此,建议先对 1360-1 井进行堵水,然后对 1360-2 井进行调驱。

14) 1360-6 井组

1360-6 井的射孔层位为长 6_1^1,周围关联较大的油井为 T108 井、1360-4 井、1360-5 井、1360-7 井、1360-8 井和 1360-9 井(表 5-1 和表 5-2)。

2012 年 11 月 28 日利用同位素示踪载体法得到了 1360-6 井的吸水剖面。测井结果显示,该井的吸水层段位于 532.0~544.2 m,吸水厚度为 12.2 m,吸水率100%。

从注采对应曲线(图 5-39)可以看出:

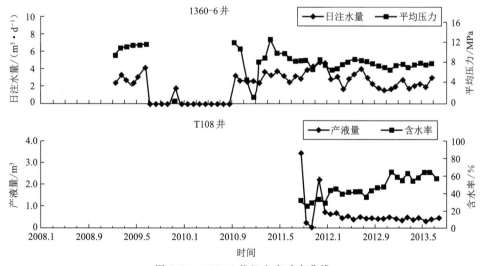

图 5-39　1360-6 井组生产动态曲线

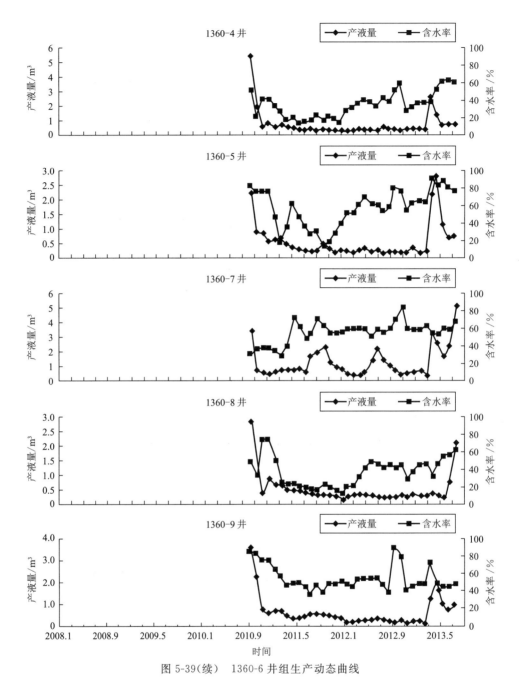

图 5-39（续）　1360-6 井组生产动态曲线

（1）1360-6 井的视吸水指数变化不大，注入压力较为平稳。对应的 T108 井、1360-4 井、1360-7 井、1360-8 井和 1360-9 井都是 2010 年之后新开采的油井，开发效果较好，近期不需要采取治理措施。

（2）1360-5 井从 2011 年 9 月开始含水率迅速上升，在 2013 年 4 月含水率达到 90%，因此 1360-5 井与周围注水井之间可能存在窜流通道。在堵水处理之后，2013 年 4 月后 1360-5 井产液量迅速降低，含水率也下降到 80% 左右，建议继续堵水。此处，1360-5 井与 1360-6 井的注采对应并不明显,连通性难判断,因此为了搞清窜流水的来源,需结合 1361-1 井组的分析。

15) 1361-1 井组

1361-1 井的射孔层位是长 6_1^1,周围关联大的油井为 1360-4 井、1360-5 井和 1361-2 井(表 5-1 和表 5-2)。

从注采对应曲线(图 5-40)可以看出:

(1) 1361-1 井的注入压力在 2012 年 9 月迅速降低,同时注入量增加,这可能是由于该井采取了压裂措施。对应的 1360-4 井和 1361-2 井后期产液量稳定,而且含水率不高,近期不必采取治理措施,建议正常生产。

(2) 1360-5 井从 2011 年 10 月开始含水率上升明显,至 2013 年 5 月发生水窜。由于 1360-5 井与 1361-1 井的注采对应并不明显,因此需要对 1360-5 井周围的两口注水井进行关停井测试以确定水窜原因。

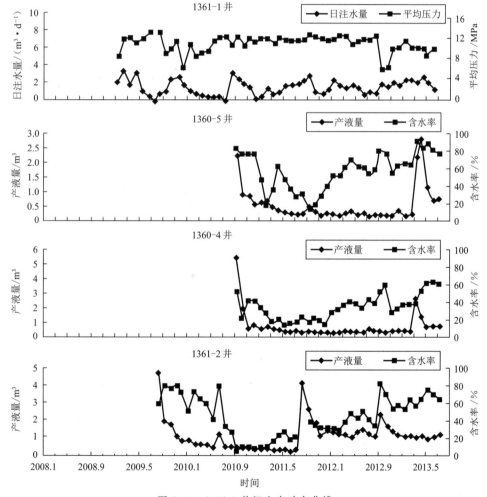

图 5-40　1361-1 井组生产动态曲线

16）1361-3 井组

1361-3 井的射孔层位是长 6_1^1，周围关联较大的油井为 1361-2 井和 1361-4 井（表 5-1 和表 5-2）。

由注采对应曲线（图 5-41）可以看到，1361-3 井的视吸水指数变大，但在正常范围之内；对应的两口油井注水开发效果较好，注采对应较明显，因此建议 1361-2 井和 1361-4 井正常生产。

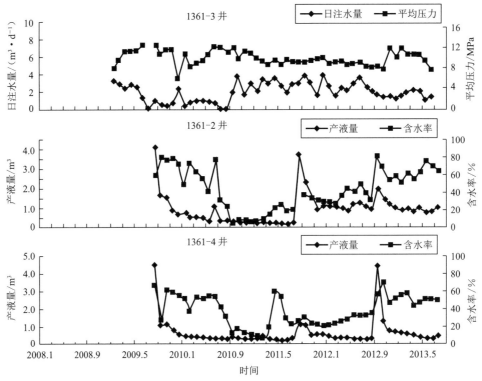

图 5-41　1361-3 井组生产动态曲线

17）1361-5 井组

1361-5 井的射孔层位是长 6_1^1，周围关联较大的油井有 1361-4 井和 1352-6 井。

从注采对应曲线（图 5-42）可以看出：

（1）1361-5 井的视吸水指数变化不大，平均压力比较平稳，而且 1361-4 井后期产液量比较稳定，含水率缓慢上升，开发效果比较好，近期不必采取治理措施，建议正常生产。

（2）2010 年 8 月 1361-5 井注入量明显增大，对应的 1352-6 井从 2010 年 9 月开始含水率迅速上升，而且 1352-6 井在此区块只对应 1361-5 一口注水井，因此推测在 1352-6 井和 1361-5 井之间存在窜流通道。

18）1361-7 井组

1361-7 井的射孔层位是长 4＋5 和长 6_1^1，周围关联较大的油井只有 1361-9 井（表 5-1 和表 5-2）。

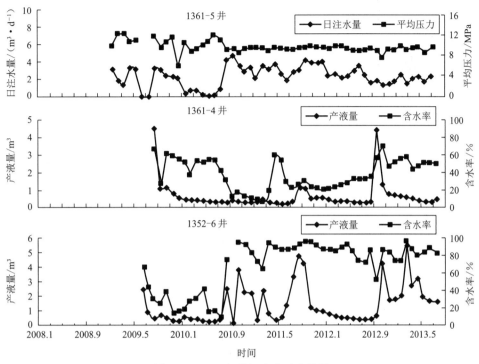

图 5-42　1361-5 井组生产动态曲线

从注采对应曲线(图 5-43)可以看出,1361-7 井的平均压力比较平稳,视吸水指数变化不大,而且对应的 1361-9 井的开发效果比较好,产液量稳定,含水率缓慢上升,因此 1361-9 井近期不需要治理,正常生产即可。

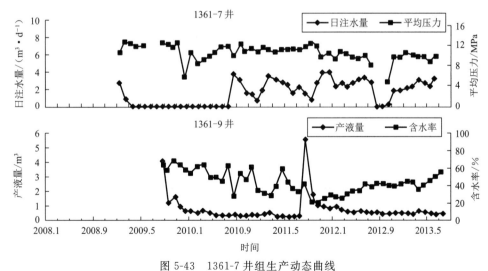

图 5-43　1361-7 井组生产动态曲线

19)1371-3 井组

1371-3 井的射孔层位是长 6_1^1,周围关联较大的油井为 1298-2 井(表 5-1 和表 5-2)。

1371-3 井是 2012 年 8 月新打注水井。

1371-3 井于 2012 年 11 月 28 日进行了吸水剖面测试。测试结果表明,吸水层段位于 460.9～468.3 m,且 464～465 m 之间有明显的尖峰,即相对其他层位此处最易形成突进。因此,当吸水剖面出现突进时,建议对该处进行适当调堵,从而提高整个储层的波及系数。

从注采对应曲线(图 5-44)可以看出:

(1) 1371-3 井投入使用后视吸水指数比较小,吸水能力比较差。因此随着近期注入压力的增大,建议后期进行酸化压裂处理以增大视吸水指数。

(2) 1298-2 井与 1371-3 井之间的关联并不明显,与周围井的连通性差导致了该井的产液量不足,建议对 1298-2 井进行酸化压裂处理以提高产液能力。

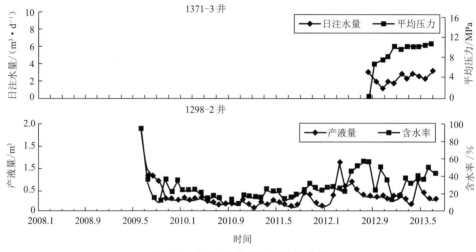

图 5-44　1371-3 井组生产动态曲线

通过对各井组进行分析,得出 T157 区块各井的治理方案,见表 5-10 和表 5-11。

表 5-10　T157 区块注水井治理方案汇总

序　号	井　号	治理预案
1	T157-2	正常注水
2	1295-2	建议进行调驱处理
3	1295-6	建议关闭 1295-6 井 2 周,观测 1295-8 井的产液和含水变化,确定 1295-8 井的来水是否为 1295-6 井,若关联度大,则对 1295-6 井进行调驱;若关联度不大,则正常注水
4	1297-3	正常注水
5	1297-7	正常注水
6	1298-4	正常注水
7	1299-1	正常注水
8	1299-3	正常注水
9	1344-3	建议关闭 1344-3 井 2 周,观测 1360-1 井的产液和含水变化,确定 1360-1 井的来水是否为 1344-3 井,若关联度大,则对 1360-1 井进行堵水;若关联度不大,则正常注水

序　号	井　号	治理预案
10	1351-1	建议先对 1351-7 井进行酸化压裂,然后再对 1351-1 井进行调驱处理
11	1351-3	建议关闭 1351-3 井 2 周,观测 1295-1 井的产液和含水变化,确定 1295-1 井的来水是否为 1351-3 井,若关联度大,则对 1351-3 井进行调驱;若关联度不大,则正常注水
12	1351-6	建议关闭 1351-6 井 2 周,观测 1351-7 井的产液和含水变化,确定 1351-7 井的来水是否为 1351-6 井,若关联度大,则对 1351-6 井进行调驱;若关联度不大,则正常注水
13	1360-2	建议关闭 1360-2 井 2 周,观测 1360-1 井的产液和含水变化,确定 1360-1 井的来水是否为 1360-2 井,若关联度大,则对 1360-2 井进行调驱;若关联度不大,则正常注水
14	1360-6	正常注水
15	1361-1	建议关闭 1361-1 井 2 周,观测 1360-5 井的产液和含水变化,确定 1360-5 井的来水是否为 1361-1 井,若关联度大,则对 1361-1 井进行调驱;若关联度不大,则正常注水
16	1361-3	正常注水
17	1361-5	建议关闭 1361-5 井 2 周,观测 1352-6 井的产液和含水变化,确定 1352-6 井的来水是否为 1361-5 井,若关联度大,则对 1352-6 井进行堵水;若关联度不大,则正常生产
18	1361-7	正常注水
19	1371-3	正常注水

表 5-11　T157 区块生产井治理方案汇总

序　号	井　号	治理预案
1	T108	建议以原工作制度继续生产
2	T157	建议以原工作制度继续生产
3	1295	建议对 1295-2 井进行调驱,若调驱效果不理想,则再对 1295 井进行堵水;调节产液量,按日常工作制度稳定生产
4	1295-4	建议以原工作制度继续生产
5	1295-5	建议进行酸化压裂处理
6	1295-1	建议进行堵水处理
7	1295-8	建议进行堵水处理
8	1297-1	建议以原工作制度继续生产
9	1297-5	建议进行酸化压裂处理
10	1297-6	建议进行酸化压裂处理
11	1297-8	建议以原工作制度继续生产
12	1298-1	建议以原工作制度继续生产
13	1298-2	建议进行酸化压裂处理
14	1298-3	建议进行酸化压裂处理
15	1298-5	建议以原工作制度继续生产
16	1299-2	建议以原工作制度继续生产

序　号	井　号	治理预案
17	1299-4	建议以原工作制度继续生产
18	1299-5	建议进行酸化压裂处理
19	1299-6	建议进行酸化压裂处理
20	1351-2	建议以原工作制度继续生产
21	1351-4	建议以原工作制度继续生产
22	1351-5	建议以原工作制度继续生产
23	1351-7	建议进行酸化压裂处理
24	1352-6	建议暂时关闭1361-5井,观察油水井对应情况,若1352-6井含水明显下降,则对1352-6井进行堵水,否则维持现有工作制度生产
25	1360-1	建议先分别关闭周围注水井测试产液和含水率情况判定窜流通道,然后对其进行堵水处理
26	1360-3	建议进行酸化压裂处理
27	1360-4	建议以原工作制度继续生产
28	1360-5	建议先分别关闭周围注水井测试产液和含水率情况判定窜流通道,然后对其进行堵水处理
29	1360-7	建议以原工作制度继续生产
30	1360-8	建议以原工作制度继续生产
31	1360-9	建议以原工作制度继续生产
32	1361-2	建议以原工作制度继续生产
33	1361-4	建议以原工作制度继续生产
34	1361-9	建议以原工作制度继续生产
35	1368-4	建议以原工作制度继续生产
36	1368-5	建议进行堵水处理

2. T157区块综合调驱方案及单井治理方案

1)关停井测试

关停水井1295-2井、1295-6井、1351-3井、1351-6井、1360-2井、1361-1井和1361-5井,打开水井1351-1井,观察、测试油井1295-1井、1295-8井、1351-7井、1352-6井、1360-1井和1360-5井的产液量和含水率,持续2周,确定以上5口油井的来水水源。

2)调驱井选井

(1)1295-2井或1351-3井。

综合分析2周内1295-1井的产液量和含水率,1295-2井和1351-3井注水量、注入压力及水站来水压力变化幅度和趋势,确定1295-1井来水是1295-2井还是1351-3井,对关联度大的注水井进行调驱,对关联度不大的井不做处理,正常注水。

（2）1295-6 井。

综合分析 2 周内 1295-8 井的产液量和含水率，1295-6 井注水量、注入压力及水站来水压力变化幅度和趋势，确定 1295-8 井的来水是否为 1295-6 井，若关联度大，则对 1295-6 井进行调驱；若关联度不大，则对该井不做处理，正常注水。

（3）1351-1 井或 1351-6 井。

综合分析 2 周内 1351-7 井的产液量和含水率，1351-1 井和 1351-6 井的注水量、注入压力及水站来水压力变化幅度和趋势，确定 1351-7 井的来水是 1351-1 井还是 1351-6 井，对关联度大的井进行调驱，对关联度不大的井不做处理，正常注水。

（4）1360-2 井。

综合分析 2 周内 1360-1 井的产液量和含水率，1360-2 井的注水量、注入压力及水站来水压力变化幅度及趋势，确定 1360-1 井的来水是否为 1360-2 井，若关联度大，则对 1360-2 井进行调驱；若关联度不大，则对该井不做处理，正常注水。

（5）1361-1 井。

综合分析 2 周内 1360-5 井的产液量和含水率，1361-1 井的注水量、注入压力及水站来水压力变化幅度和趋势，确定 1360-5 井的来水是否为 1361-1 井，若关联度大，则对 1361-1 井进行调驱；若关联度不大，则对该井不做处理，正常注水。

3）调驱实施

（1）对 1295-6 井长 6_1^1 斜深 514～519 m 层段进行小段塞凝胶＋小段塞空气泡沫调驱。

（2）据调驱井选井分析结果，选择性对 1351-3 井、1351-6 井进行空气泡沫调驱。

4）调驱后调整

开始实施调驱后持续观察、测试各生产井及注入井动态，调驱 1 个月后进行分析：

（1）若 1295-6 井调驱后，1295-8 井效果仍不好，则对 1295-6 井长 6_2^1 层斜深 524～536 m 层段进行空气泡沫调驱。

（2）若 1295-6 井控水效果仍不明显，则对其长 6_2^1 层进行封堵，重新射开长 6_1^1 层生产。

（3）若 1361-1 井控水效果不明显，则对其长 6_1^1 层进行封堵，重新射开长 6_3^1 层生产。

5.2 DB-4930 井区（延 9）

5.2.1 DB-4930 井区研究区域分析

1. 研究区区块构造

DB-4930 井区属于黄土高原丘陵沟壑地形，沟壑纵横，梁峁起伏，地面支离破碎，流水侵蚀剥离强，水土流失极为严重。该油区地面海拔 1 400～1 730 m，相对高度差约为 330 m。该井区属于暖温带和温带半干旱大陆性季风气候，冬寒夏凉，降水量少且分配不均，春季多风沙，霜冻时间长。

DB-4930 井区位于鄂尔多斯盆地伊陕斜坡带的西部边缘（图 5-45）。伊陕斜坡主要形成于早白垩世，呈向西倾斜的平缓单斜，倾角仅为 0.5°～1°。斜坡带上发育一系列由东向西倾没的低幅度鼻状隆起构造,规模大小不一,隆起轴长 2~10 km,轴宽 0.5~3.5 km,两翼倾角 0.2°~1.2°,隆起幅度 2~10 m。这些鼻状隆起与研究区三角洲砂体的有机配置往往有利于油气的富集。

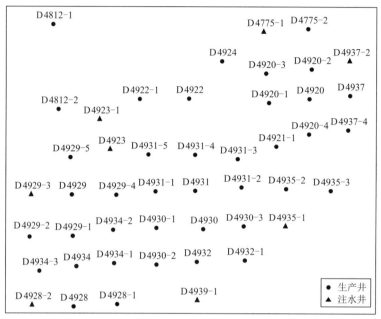

图 5-45　DB-4930 井区井位图

由延安组各小层顶部构造等值线图(图 5-46 和图 5-47)来看,研究区整体仍然是东高西低的单斜构造,鼻状构造发育较多,集中分布在研究区南部、东部和中部井区。

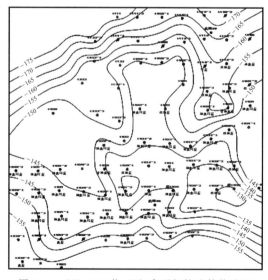

图 5-46　DB-4930 井区延 9_1^2 顶部构造等值线图

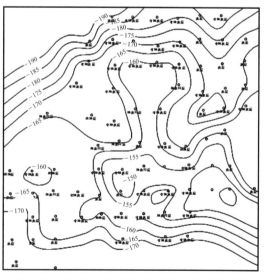

图 5-47　DB-4930 井区延 9^2 顶部构造等值线图

2. 油藏基本地质特征

DB-4930 井区勘探开发评价工作始于 2008 年,目前,该区共有完钻井 47 口(其中生产井 39 口、注水井 8 口)。从已完钻井试油情况来看,延安组延 9 油层获得较好的工业油流,展示了该区域良好的勘探开发前景。

1)地层划分及对比

本次地层划分对比工作在前人对比划分的基础上开展,依据岩性、电性的组合特征,次一级的沉积旋回类型以及储层的含油性,在目的层段逐级细分的前提下,以沉积学理论为指导,控制标志层位,建立各井点及全区各级层组的等时关系,实现油田范围内的统一划分与对比。

在本次研究过程中,地层对比与划分工作采用以下原则:油层组对比采用"旋回对比,分级控制",小层对比采用电性"形态相似,厚度相近"的原则。

根据确定的标志层和标准井,主要依据自然电位和自然伽马曲线的旋回特征、声波时差和电阻率的异常变化等特征对研究区目的层段进行对比划分,如图 5-48 和表 5-12 所示。

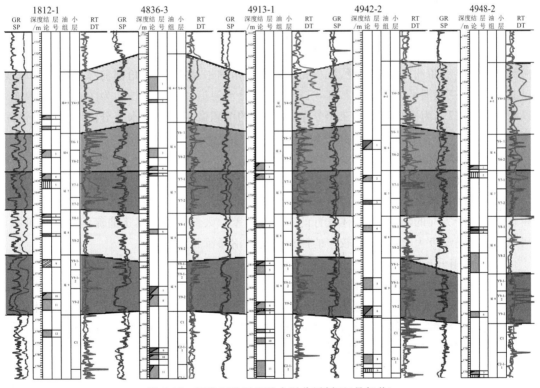

图 5-48　延安组油层组及小层分层剖面(骨架井)

2)沉积微相

（1）沉积背景。

三叠纪末,印支运动使鄂尔多斯盆地整体抬升,遭受长期风化剥蚀,形成了沟壑纵横、起伏不平的广泛而明显的侵蚀古地貌;下侏罗统在此基础上开始了新的沉积旋回,代表内陆拗

表 5-12　DB-4930 油区地层分层表

系	统	组	油层组	小　层	砂　体
侏罗系	中下统	延安组	延 6	延 6^1	延 6^1
				延 6^2	延 6^2
			延 7	延 7^1	延 7^1
				延 7^2	延 7^2
			延 8	延 8^1	延 8^1
				延 8^2	延 8^2
			延 9	延 9^1	延 9_1^1
					延 9_1^2
				延 9^2	延 9^2

陷盆地演化为第二阶段沉积,为一套河流-湖泊三角洲沉积,厚 300～400 m。延 9 段多为河道砂及煤层交互,属于广覆型补偿沉积,至延 9 段顶古地形被夷平,演化为沼泽化平原环境[187-190]。

在延 9 段沉积时,气候变得温暖潮湿,雨量充沛,盆地已集水成湖,沉积环境由延 10 段河流相演变成三角洲—湖泊环境,沉积相主要有三角洲平原亚相、三角洲前缘亚相。湖岸线以北、以西为三角洲平原亚相分布区,沉积微相以分流河道和分流间洼地为主;湖岸线以东、以南属湖内沉积,为三角洲前缘亚相分布区,发育的沉积微相主要有水下分流河道和分流间湾。

（2）沉积微相分布特征。

① 剖面相分布特征。

从延安组剖面上的沉积相分布特征来看,沿西北—东南方向的剖面砂体连续性较好,而在垂直于这个方向的剖面上,砂体发育的连续性较差。大部分砂体属于曲流河主河道沉积,河道以上都是厚度大、分布范围较广的河道间河漫沼泽沉积。

② 平面相分布特征。

本区延安组砂体为低弯度曲流河沉积,平面上呈带状、网状,总体上呈北—北西、北西向延伸,剖面上为顶平底凸的透镜体,厚 0～30 m,向两侧迅速减薄,甚至尖灭。延 9 砂体的主要岩性为粗—细粒、细粒长石质石英砂岩,储油物性好,具有良好的含油气性,具有油层厚、物性好、油气分布广、油井产量高等特点。

延 9 沉积微相分布如图 5-49 和图 5-50 所示。

延 9 根据旋回发育特征分为 3 个单砂体,自上而下河道发育的规模有所增加。其中延 9_1^2 砂体河道规模较大,但河道的延伸方向发生了较大改变,由东北向西延伸,与其他单砂体河道发育方向近似垂直,但这并不代表河道的物源发生变化,只是在该砂体的发育时期,研究区的河道发生了较大方向的改变,从区域整体来看河道还是北—北西向延伸的。延 9^2 砂体河道规模最大,在平面上分布最为广泛,研究区主体部位都发育河道,从平面上至少可以识别出 5 条主河道,并且研究区的中北部地区点砂坝比较发育。

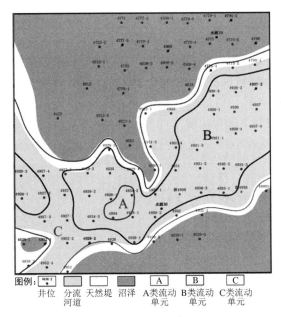

图 5-49　DB-4930 井区延 9_1^2 沉积微相图

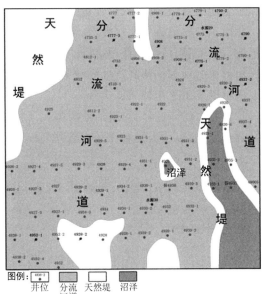

图 5-50　DB-4930 井区延 9^2 沉积微相图

3）油藏特征

DB-4930 井区延 9 油层组属异常低压油藏,受有效砂层的空间展布关系和整体的构造特征共同作用,形成了区内油气聚集的基本格局;虽然延 9^2 小层的储层厚度大,分布范围广,但是整体含油性差于延 9_1^2 小层,尤其是位于中部最高隆起带位置的储层油的聚集规模很小,储层类型以含油水层为主,油水同层主要分布在隆起带北侧;而储层规模相对较小的延 9_1^2 小层的含油性最好,油藏驱动能量主要为边底水。

DB-4930 井区延安组平均油层温度为 55.46 ℃,地温梯度为 2.64 ℃/100 m,原始地层压力为 9.02~14.43 MPa,压力系数为 0.9;含油层段孔隙度为 12.5%~21.7%,平均孔隙度为 14.3%,渗透率为 $(0.32~1\,825.7)×10^{-3}\ \mu m^2$,平均渗透率为 $42.6×10^{-3}\ \mu m^2$,属中孔低渗储层。

（1）储层流体特征。

DB-4930 井区地层原油密度为 0.733~0.811 g/cm³,地层原油黏度为 1.15~4.41 mPa·s;地面原油密度为 0.744~0.899 g/cm³,平均密度为 0.837 g/cm³,地面原油黏度为 3.93~36.91 mPa·s;凝固点相对较低,平均为 16.3 ℃,初馏点高,平均为 115.6 ℃,原油不含沥青质。总体来说,该油区原油物性较好,纵向上各层差异不大。

DB-4930 井区的地层水矿化度总体上较高,延安组存在 $CaCl_2$ 和 $NaHCO_3$ 两种水型,以 $NaHCO_3$ 水型为主,总矿化度为 14 200~31 050 mg/L;Cl^- 的含量随着深度的增加而增大,符合普遍规律。

（2）油藏类型。

延安组的砂岩储层是一套河流沼泽沉积体系下的河道砂体,岩石类型主要为岩屑质石英砂,以细—中粒结构为主,磨圆度中等,砂岩结构成熟度为中等—较好,填隙物含量一般,介于 15%~25% 之间,主要为胶结物,胶结类型以孔隙式为主,孔隙类型主要为原生粒间孔和少量次生孔隙。因此,延安组的砂岩储层条件较好。

由于延安组砂岩比较发育,河道砂体规模较大,砂体内部连通性较好,并且区域内构造平缓,没有断层的遮挡作用,因此原油生成运移到砂体内部后无法大规模保存,只能在构造作用形成的局部构造高点处形成规模较小的油藏,从延安组油藏剖面图和油藏平面分布图上都可以看出这个特征。

根据上述研究,延安组油藏类型属于构造控制下的含边底水的岩性油藏;油藏储层物性好,但油层分布范围受岩性和构造共同控制,规模较小;延 9 是研究区的主力砂层,油藏的分布主要由岩性控制。

5.2.2　DB-4930 井区生产井与生产动态分析

1. 开发概况

截至目前,DB-4930 井区共有完钻井 47 口(其中生产井 39 口、注水井 8 口),研究区面积为 0.756 km^2,累积产油量为 20.041×10^4 t,如图 5-51 所示。

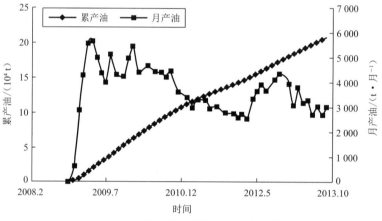

图 5-51　DB-4930 井区生产动态曲线

2. 生产井概况

截至目前,DB-4930 井区内共有油井 39 口,当前各油井生产状况见表 5-13。

表 5-13　DB-4930 井区油井当前生产状况表

序号	井　号	投产日期	开采层位	目前状态				
				日产油 /(t·d^{-1})	日产液 /(m^3·d^{-1})	含水率	累产油 /t	累产液 /m^3
1	D4775-2	2012.4.13	延 9_1^2、长 4+5	2013.5 停(2012.4 含水率 80%)				
2	D4812-1	2009.9.2	延 8、延 9_1^2	2011.12 停(2011.11 含水率 100%)				
3	D4812-2	2009.6.24	延 6	—				

序号	井 号	投产日期	开采层位	目前状态				
				日产油 /(t·d^{-1})	日产液 /(m^3·d^{-1})	含水率	累产油 /t	累产液 /m^3
4	D4920	2009.12.10	非延9			—		
5	D4920-1	2008.11.16	延9$_1^2$	3.643	15.643	77%	3 266.83	5 318.63
6	D4920-2	未投产	—			—		
7	D4920-3	2010.7.8	延9$_1^2$、长4+5	1.172	1.667	30%	877.16	1 775.67
8	D4920-4	2010.8.3	延9$_1^2$	5.355	5.465	2%	7931.03	8 665.94
9	D4921-1	2009.5.22	延6			—		
10	D4922	2009.3.28	延6			—		
11	D4922-1	2009.5.25	延6			—		
12	D4924	2009.3.8	延6、延9$_1^2$	2011.1停(2010.12含水率96%)				
13	D4928	2009.3.25	延6、长1、延9$_1^2$	2012.9停(2012.8含水率62%)				
14	D4928-1	2009.5.20	延9$_1^2$、延6	5.010	6.263	20%	2 273.96	3 337.17
15	D4929	2009.3.15	延6			—		
16	D4929-1	2008.12.25	延9$_1^2$	15.922	18.732	15%	19 385.196	20 389.237
17	D4929-2	2009.3.20	延9$_1^2$	10.934	19.471	44%	19 720.20	30 161.80
18	D4929-4	2009.2.18	延6			—		
19	D4929-5	2009.2.24	延9$_1^2$	1.464	1.494	2%	13 801.90	14 124.20
20	D4930	2008.11.29	延9$_1^2$	2.459	2.509	2%	7 221.37	7 385.18
21	D4930-1	2008.12.28	延9$_1^2$	8.084	8.244	2%	13 053.50	13 371.40
22	D4930-2	2008.12.25	延9$_1^2$	2.364	2.410	2%	7 065.58	7 324.93
23	D4930-3	2008.11.28	延9$_1^2$	1.037	1.595	35%	6 239.18	6 424.51
24	D4931	2009.2.27	延9$_1^2$	3.385	3.454	2%	8 118.88	8 238.39
25	D4931-1	2009.3.7	延9$_1^2$、延9^2	4.292	4.379	2%	5 816.65	5 893.51
26	D4931-2	2009.7.8	延9$_1^2$	3.438	2.507	2%	6 964.02	7 111.29
27	D4931-3	2009.3	延9$_1^2$	9.931	10.238	3%	12 966.40	13 308.90
28	D4931-4	2009.5.31	延9$_1^2$	7.330	7.557	3%	12 550.60	12 860.20
29	D4931-5	2010.3.11	延9$_1^2$	0.479	1.593	70%	269.316	1 029.28
30	D4932	2008.12.11	延9$_1^2$	2.215	2.606	15%	3 099.24	3 517.43
31	D4932-1	2008.12.20	延8、延6			—		
32	D4934	2008.12.9	延9$_1^2$	1.536	1.617	5%	10 046.30	10 295.70
33	D4934-1	2008.12.13	延9$_1^2$	1.727	1.818	5%	10 780.60	11 087.50

序号	井 号	投产日期	开采层位	目前状态				
				日产油 /(t·d⁻¹)	日产液 /(m³·d⁻¹)	含水率	累产油 /t	累产液 /m³
34	D4934-2	2008.12.19	延 9_1^2	0.781	0.822	5%	10 228.50	11 011.50
35	D4934-3	2009.3.6	延 9_1^2	2013.05 停(2013.04 含水率 100%)				
36	D4935-2	2009.2.24	延 9_1^2	4.207	4.437	5%	4 954.19	5 097.95
37	D4935-3	2011.4.1	延 9_1^2	4.030	4.413	9%	2 333.56	2 886.73
38	D4937	2009.3.1	延 9_1^2	0.106	0.469	62%	10 084.40	11 883.50
39	D4937-4	2009.3.10	延 9_1^2	6.700	7.445	10%	6 687.98	7 119.42

3. 相关生产参数

随着 DB-4930 井区生产开发的进行,区域内生产井的相关生产参数会随时间发生变化,生产井数与时间的关系如图 5-52 所示。

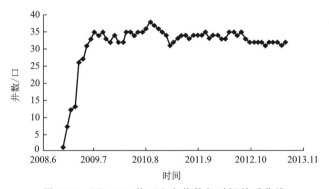

图 5-52 DB-4930 井区生产井数与时间关系曲线

4. 生产指标

1) 水驱指数

水驱指数是指油田、区块或开发层系注入水地下存水量与累积产油量地下体积之比,计算公式见式(5-14)。其中:

$$N_p = \frac{W_o}{\rho_o} \tag{5-14}$$

式中 N_p——累积产油量,m³。

水驱指数能够直观地反映注水利用率,该指标可判断油田采取的各种措施取得的效果。本试验区的 B_o 采用 DB-4930 井区的平均值,即 $B_o=1.06$,可得试验区块水驱指数计算结果(表 5-14)及水驱指数随开发时间变化关系曲线(图 5-53)。

表 5-14　井区水驱指数计算结果表

年　份	累注水/m³	累产水/m³	累产油/m³	水驱指数
2011	86	16 572.8	143 158.5	−0.109
2012	4 472	25 876.3	186 389.2	−0.108
2013	5 762	30 686.3	207 787.1	−0.113

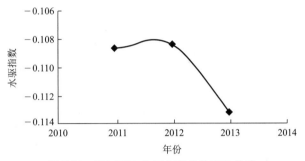

图 5-53　DB-4930 井区水驱指数变化曲线

由图 5-53 可知,水驱指数呈下降趋势,且为负值,其原因是注水强度不够,注水量小于产液量,应采取转注或井网加密措施,以增加注水强度。

2) 注采比

井区注采比计算结果见表 5-15。

表 5-15　井区注采比计算结果表

年　份	累注水/m³	累产液/m³	累计注采比	瞬时注采比
2011	86	159 731.4	0.000 5	0.002
2012	4 472	212 265.6	0.021	0.083
2013	5 762	238 473.4	0.024	0.049

根据计算结果,可得井区注采比变化曲线如图 5-54 所示。

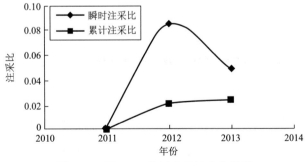

图 5-54　DB-4930 井区注采比变化曲线

由图 5-54 知,目前 DB-4930 井区的注采比小于 1,这是由于该区注入量小于产液量,后期应施行转注或井网加密,以增加注水强度,补充地层能量,对研究区进行合理开发。

3)存水率

根据存水率计算公式计算 DB-4930 井区的存水率见表 5-16。

表 5-16 DB-4930 井区存水率计算数据表

年　份	累注水/m³	累产水/m³	累积存水率	阶段存水率	采出程度/%
2011	86	16 572.8	−191.707	−75.878	8.279
2012	4 472	25 876.3	−4.786	−1.121	10.778
2013	5 762	30 686.3	−4.326	−2.729	12.016

根据表 5-16,可得井区存水率与采出程度关系曲线,如图 5-55 所示。

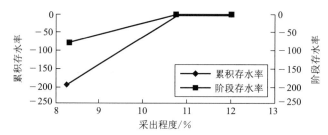

图 5-55 DB-4930 井区存水率与采出程度关系图

由上述分析可以看出,DB-4930 井区存水率始终小于 1,且为负数,说明水驱强度不够,地下注入水体积净增量小于采出原油在地下的体积;随着油田开发进行,存水率逐渐增加,说明注入水利用率逐渐升高。

4)产量递减规律

由图 5-56 可以看出,2009 年 1 月到 2013 年 7 月,DB-4930 井区 t-$\lg Q$ 关系为统计线性关系,产量随时间变化为指数递减关系,这主要是由于随着油井的开发,驱动能量下降,导致产油量下降[191-197]。

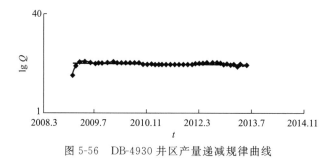

图 5-56 DB-4930 井区产量递减规律曲线

通过前面分析可知,该区属于底水油藏,应合理利用天然能量,结合人工注水,使其向着有利于油田开发的方向进行。

5）水驱规律

通过线性回归得到 DB-4930 井区相应的水驱规律，如图 5-57 所示。

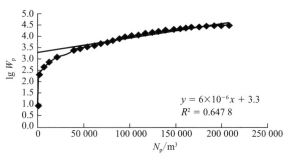

图 5-57　DB-4930 井区水驱规律曲线

由图 5-57 水驱规律曲线可知，曲线基本符合甲型水驱规律，具体为：

$$\lg W_p = A + BN_p$$
$$A = 3.3, \quad B = 6 \times 10^{-6}$$

利用甲型水驱规律不仅可以对油田的未来动态进行预测，而且可以估计可采储量和最终采收率。

根据该区块甲型水驱规律曲线数据，利用式(5-11)可以得到本区块的可采储量 N_R：

$$N_R = \frac{\lg(21.28/B) - A}{B} = \frac{\lg(21.28/0.000\ 006) - 3.3}{0.000\ 006}$$
$$= 54.163\ 7 \times 10^4\ t$$

即当综合含水率达到 98% 时，本油层的估算可采储量为 54.163 7×10⁴ t。

6）最终采收率的计算

最终采收率是指油田经过多种开采方法采油后，最终采出的总采油量占原始地质储量的百分数。评价最终采收率的方法很多，比较常用的有以下 3 种。

（1）美国砂岩油田水驱最终采收率经验公式：

$$E_R = 0.271\ 9\lg K - 0.355\lg \mu_o - 1.538\phi - 0.001\ 144h + 0.255\ 69S_{wc} + 0.114$$

$$(5\text{-}15)$$

式中　K——渗透率，$10^{-3}\ \mu m^2$；

　　　μ_o——原油黏度，mPa·s；

　　　ϕ——孔隙度；

　　　h——油层厚度，m；

　　　S_{wc}——束缚水饱和度。

（2）陈元千相关经验公式法，其公式见式(5-13)。

（3）甲型水驱曲线法，见式(5-9)～式(5-12)。

DB-4930 井区的地质储量为 133.5×10⁴ t，可采储量为 54.163 7×10⁴ t，利用以上 3 种方法计算 DB-4930 井区的最终采收率，计算结果见表 5-17。

表 5-17　DB-4930 井区最终采收率计算结果

经验公式法/%	陈元千相关经验公式法/%	甲型水驱曲线法/%	平均值/%
16.9	20.1	40.6	25.9

5. 非注水受效区油井生产动态

对于 DB-4930 井区块而言,目前注水井较少,研究区内存在较大部分的非注水受效区,现以非注水受效区油井 D4931-1(图 5-58)为例,分析非注水受效区生产井的生产动态。

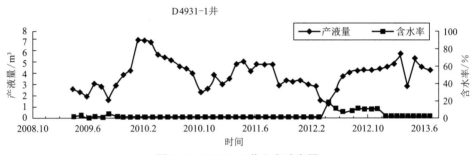

图 5-58　D4931-1 井生产动态图

D4931-1 井的射孔层段为 1 860.5~1 862.5 m 和 1 838~1 840 m,生产层位为延 9_1^2、延 9^2,延 9_1^2 位于天然堤,延 9^2 位于天然河道,整体物性较好。

结合图 5-58 知,自生产井开井以来,含水率一直保持在较低水平,产液量有所起伏,但整体产液量较为可观,总体来说,该井生产状况良好。在开井初期开始动用天然能量,产液量逐渐上升至较高值;2010 年 2 月至 2012 年 4 月,产液量整体呈下降趋势,天然能量逐渐衰减;2012 年 4 月 12 日,延 9 补孔,渗流孔道增多,渗流阻力减小,产液量有所回升。

通过对 D4931-1 井的分析可以得出:

(1) 有效的增产措施的施行可以在一定程度上提高生产井的产量。

(2) 非注水受效区天然能量逐渐衰减,使得油区急需外来能量的补充,应结合天然能量和人工能量合理地进行油区开发。

结合全区可以发现,到目前为止,非注水受效区生产井含水率较低,产液量亦有下降趋势。

5.2.3　DB-4930 井区注水井和注水效果分析

1. 注水井概况

截至目前,DB-4930 井区内有注水井(转注井)8 口,其中延 9 层位有 2 口。该井区注水动态如图 5-59 所示,注水井目前状态见表 5-18。

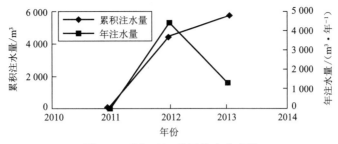

图 5-59　DB-4930 井区注水动态图

表 5-18　DB-4930 井区注水井目前状态表

序　号	井　号	开注日期	注水层位	目前状态		
				注入压力/MPa	日注水量/(m³·d⁻¹)	累积注水量/m³
1	D4775-1	2010.10.26	长4+5、长6	8	25	8 444.2
2	D4923	2011.12.1	延6	10	—	2 271
3	D4923-1	2011.12.1	延6	11	—	1 595
4	D4928-2	2010.10.21	长4+5	14	—	4 514
5	D4929-3	2011.7.28	长2	13	—	1 583
6	D4935-1	2011.12.1	延9_1^2	—	—	3 055
7	D4937-2	2010.8.23	长4+5、长6	7	—	8 796.2
8	D4939-1	2011.12.1	延9_1^2	12	—	2 707

2. 注水井网

由于低渗透窄小砂体油田砂体规模小、分布零散,单井钻遇层数少,油层薄、厚度小,很难形成规则的面积注水井网。对于以窄小砂体为主的延安组油层,采用规则的面积井网注水时即使井距调整为 280～320 m,水驱控制程度也不会很高。窄小砂体油田注采系统的首要目标是提高油田水驱控制程度,不能完全套用砂体大面积分布的油田注采系统调整方法,需在认真分析砂体发育特征的基础上,提出以油砂体为单元完善单砂体注采系统,即采用点状注水为主的注水方式。

由于油层分布规模较小,因此延安组油层的东北部、东南部、西北部以点状注水为主;但对于中部含油面积比较大的区域,采用不规则反九点为主的注水方式可使油井多向受效,提高水驱控制程度,改善油田开发效果。延安组注采井数比为 1:4～1:3。

研究区采用反九点注水结合点状注水的注水方式。

3. 产量对比

目前,井区延 9 层位有注水井 2 口,均于 2011 年 12 月 1 日开注。其中,注水受效区生产井有 7 口,分别是 D4930-2 井、D4932 井、D4928-1 井、D4930-3 井、D4931-2 井、D4935-2 井和 D4935-3 井;非注水受效区生产井有 23 口,如图 5-60 所示。

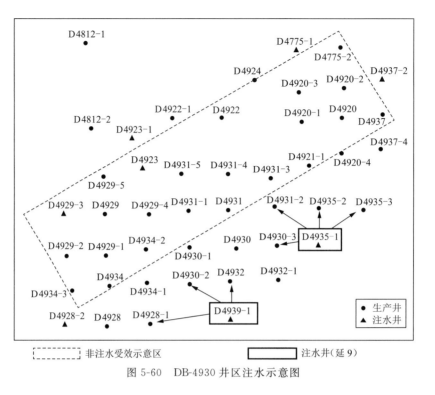

图 5-60　DB-4930 井区注水示意图

结合这些生产井的生产动态数据,可以得出注水受效区和非注水受效区单位生产井产液量对比图(图 5-61)。由图可知:

(1) 在注水井开注前,井区单位生产井产液量呈下降趋势。

(2) 在注水井开注后,注水受效区单位生产井产液量的最大值高于非注水受效区单位生产井产液量。

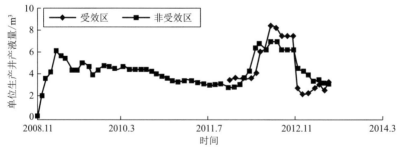

图 5-61　注水受效区与非受效区单位生产井产液量对比图

(3) 在注水井开注后,受效区单位生产井产液量并非全部大于非受效区单位生产井产液量,其原因有:① 注水井 D4939-1 井所在储层沉积微相为沼泽,储层物性较差;② 真实的注水受效区并非圈定的注水受效区。

总体来说,注水是有效的。

5.2.4　DB-4930 井区油水井治理方案

随着生产开发的进行,井区生产井能量衰减和高含水等问题日渐凸显,目前急需进行油水井的治理。其目的:一是改善注水开发效率,进行单井改造(如水窜井的封堵);二是进一步提高产能,加大注水开发,选择 3～5 口油井进行转注,插空注水。

1. 高含水井的治理

结合高含水井相关数据可得到井区高含水井分布示意图,如图 5-62 所示。

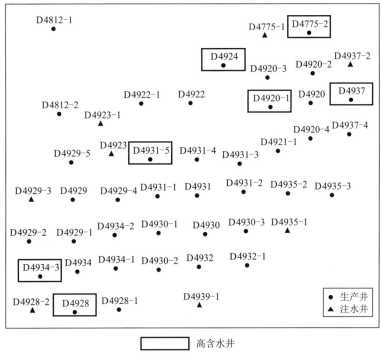

图 5-62　DB-4930 井区高含水井分布示意图

下面对 DB-4930 井区高含水井开发层位、生产历史、高含水原因等逐一进行分析,并基于此提出相应的治理方案[198,199]。

1) D4775-2 井

D4775-2 井的射孔层段为 1 868.5～1 870 m,2 264～2 270 m 和 2 294～2 299 m,2012 年 4 月 13 日封延 9_1^2 层采长 4+5 层。该井延 9_1^2 层位于分流河道上,储层物性较好,所在油层为差油层。

由图 5-63 可以看出,该井于 2009 年 3 月开始生产,高含水后停井,2012 年 4 月 31 日封延 9_1^2 层采长 4+5 层,产液量和含水率有大幅度增加,且含水率保持在较高水平。资料显示,该油藏初始含水饱和度较高,推测大幅提液造成水相突进,含水率重新急剧上升。

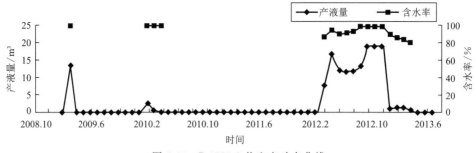

图 5-63　D4775-2 井生产动态曲线

该井在经济合理的条件下,建议进行堵水;当进行井网转换,变为边部注水时,可以进行转注。

2) D4920-1 井

D4920-1 井的射孔层段为 1 891~1 893 m,开采层位为延 9_1^2,处于局部高点,为油水同层,初始含水饱和度较高。该井位于分流河道,属于 B 类流动单元,储层物性好。

由图 5-64 知,在开采初期,该井含水率相对较低,产液量相对较高且呈下降趋势,推测这是由地层能量逐渐衰减且无外来能量补充造成的;2010 年 3 月,产液量、含水率相对增加,随后呈下降趋势,推测这与 2010 年 3 月原射孔层段压裂引起的渗流阻力降低有关;自 2010 年 3 月起,产液量与含水率变化趋势相关性较好,产液量呈高值时,含水率也为高值,推测这可能是为维持产油量而采取了增大产液量的措施的结果。

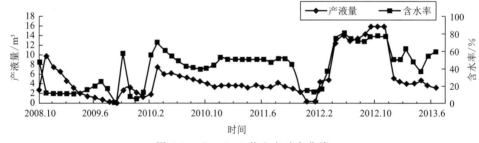

图 5-64　D4920-1 井生产动态曲线

在经济合理的情况下,建议进行堵水;若不经济,建议改变抽油机工作制度,控制产液量在一定的水平。

3) D4924 井

D4924 井的射孔层段为 1 626~1 628 m 和 1 749.5~1 751 m,2009 年 10 月 14 日封延 6 层改采延 9_1^2 层。该井位于分流河道,储层物性较好。

由图 5-65 知,D4924 井生产情况很差,初期含水率很高,随即停产,2010 年 1 月再次生产,至 2010 年 12 月含水迅速窜至很高,随即停产。该井处于构造较低位置,且有资料显示延安组为底水油藏,推测该井的高含水是由底水入侵造成的。

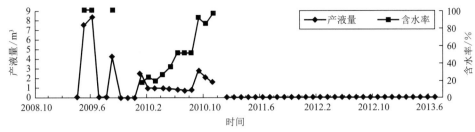

图 5-65　D4924 井生产动态曲线

在经济合理的情况下,建议治理延 9_1^2 层,进行底水封堵;若不经济,查看其他层,建议改射新层。当进行井网转换,变为边部注水时,可以进行转注。

4) D4928 井

D4928 井的射孔层段为 1 686~1 688 m(延 6),1 850~1 852 m(长 1)和 1 801~1 803 m(延 9_1^2),先封延 6 采长 1,再封长 1 采延 9。延 9_1^2 层位于天然堤,储层物性一般,处在构造低部位。

由图 5-66 知,该井自生产以来生产状况较差,2011 年 11 月 12 日高含水停抽。该井含水率一直处于较高水平,推测这是由底水入侵引起的。

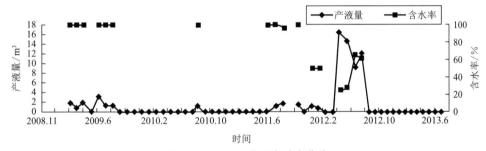

图 5-66　D4928 井生产动态曲线

在经济合理的条件下,建议进行底水封堵;若不合理,建议查看其他层,改射新层。当进行井网转换,变为边部注水时,可以进行转注。

5) D4931-5 井

D4931-5 井的射孔层段为 1 872.5~1 874 m,属于延 9_1^2 层,初始含水饱和度较高,位于分流河道,储层物性较好。

由图 5-67 知,D4931-5 井生产状况很差,产液量较低,含水率保持在较高水平,这可能与所在层位初始含水饱和度较高有关。

在经济合理的条件下,建议进行堵水;在经济不合理的情况下,建议查看其他层,改射新层。

6) D4934-3 井

D4934-3 井的射孔层段为 1 850.5~1 853 m,生产层位为延 9_1^2,位于分流河道,储层物性较好。

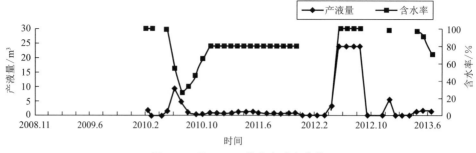

图 5-67　D4931-5 井生产动态曲线

由图 5-68 知,在开采初期,该井的产液量和含水率均较低;2009 年 8 月,产液量突然升至较高水平,推测这与 2009 年 8 月 8 日延 9 补孔,导致渗流孔道增多有关;之后产液量保持较高水平,含水率逐渐升高,推测这与该井处于底水附近,以及高产液水平下引起水的入侵有关;2013 年 1 月,产量骤减,由于含水率已上升至较高水平,该井于 2013 年 5 月停产。

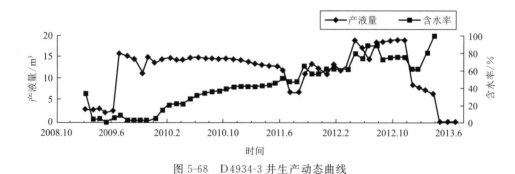

图 5-68　D4934-3 井生产动态曲线

在经济合理的条件下,建议进行堵水;若不合理,建议查看其他层,改射新层。当进行井网转换,变为边部注水时,可以进行转注。

7) D4937 井

D4937 井的射孔层段为 1 727～1 729 m,开采层位为延 9_1^2,为油水同层,初始含水饱和度较高。该井位于分流河道,属于 B 类流动单元,储层物性好。

由图5-69知,在开采初期,该井产液量很高而含水率很低,且产液量呈下降趋势,推测这

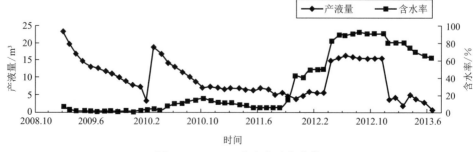

图 5-69　D4937 井生产动态曲线

是由于地层能量逐渐衰减且无外来能量补充造成的;2010 年 4 月起,产液量相对增加,含水率仍保持较低水平,推测这与该井于 2010 年 3 月 28 日对 1 726.5~1 728.5 m 层段补孔,导致渗流通道增多有关;2012 年 1 月起,产液量逐渐增加,含水率相应增加,推测这是由于为维持产油量而增大产液量,导致含水增加。

在经济合理的情况下,建议堵水;若不合理,建议改变抽油机工作制度,控制产液量在一定水平。当进行井网转换,变为边部注水时,可以进行转注。

综上所述,各生产井治理方案汇于表 5-19 中。

表 5-19 生产井治理措施

序 号	井 号	治理预案
1	D4775-2	若经济,建议进行堵水;当进行井网转换,变为边部注水时,可以进行转注
2	D4920-1	若经济,建议进行堵水;若不经济,建议改变抽油机工作制度,控制产液量在一定水平
3	D4924	若经济,建议延 9^2 层进行底水封堵;若不经济,建议改射新层。当进行井网转换,变为边部注水时,可以进行转注
4	D4928	若经济,建议进行底水堵水;若不经济,建议改射新层。当进行井网转换,变为边部注水时,可以进行转注
5	D4931-5	若经济,建议进行堵水;若不经济,建议改射新层
6	D4934-3	若经济,建议进行堵水;若不经济,建议改射新层。当进行井网转换,变为边部注水时,可以进行转注
7	D4937	若经济,建议进行堵水;若不经济,建议改变抽油机工作制度,控制产液量在一定水平。当进行井网转换,变为边部注水时,可以进行转注

2. 转 注 方 案

目前,研究区有注水井 8 口,其中延 9 层有 2 口,因此,研究区大部分油井处于非注水受效区。

对于注水非受效区,随着油田生产开发的进行,天然能量逐渐衰减,急需外来能量补充,以合理开发油区。因此,在考虑原井网形式以及生产井所处构造位置的基础上,选择适当的油井进行转注是可行的[200]。

现以 D4935-1 井(图 5-70)为例,分析转注方案。

由图 5-70 知,D4935-1 井位于局部构造高点。结合图 5-60 分析 D4935-1 井周围受效油井(D4930-3 井、D4931-2 井和 D4935-2 井)的生产动态情况。

截至目前,D4935-1 井周围油井产液量中等,含水保持在较低水平,总体生产状况较好(图 5-71)。

由此可见,在高处注水,当受效油井保持一定的产液水平时,可使含水处于较低水平。因此,在高处注水是可行的。

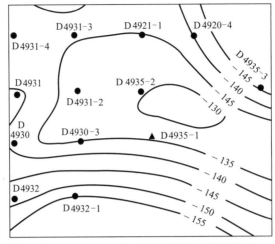

图 5-70 D4935-1 井延 9_1^2 顶部构造等值线图

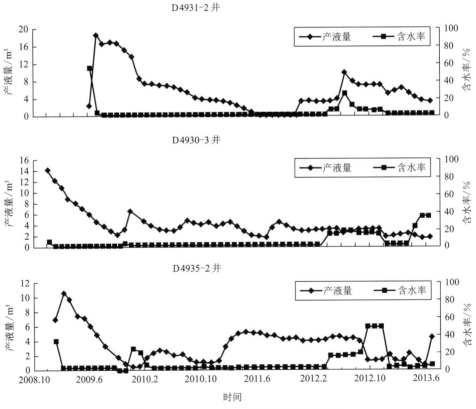

图 5-71 D4935-1 井周围油井生产动态图

同理,对研究区其他生产井进行分析。

按照规则九点法井网进行转注,方案(建议)及转注原因见表 5-20。

表 5-20　转注方案 1

井　　号	建议转注原因
D4920-1	局部高点
D4930	反九点井网
D4931-4	反九点井网
D4934-2	构造高点

由此可得出转注后井网分布图,如图 5-72 所示。

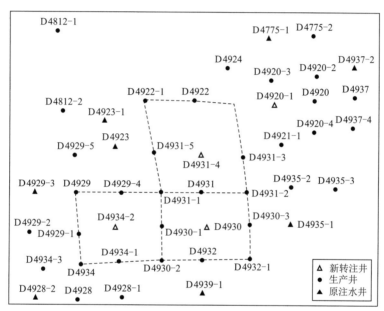

图 5-72　DB-4930 研究区九点法转注后井网

由于延 9 油藏为小型圈闭底水油藏,按照边部注水布井井网进行转注,可以实现底水自下而上逐渐驱替,可在一定程度上克服重力影响,使波及较为均匀。边部注水方案(建议)及转注原因见表 5-21,共转注 5 口油井。

表 5-21　转注方案 2

井　　号	建议转注原因
D4928	
D4934-3	
D4937	构造低点,进行边部注水
D4924	
D4775-2	

由此可得出转注后井网分布图,如图 5-73 所示。

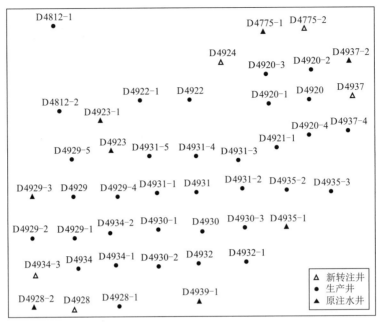

图 5-73　DB-4930 研究区边部注水转注后井网

转注时机:参考该井区其他注水井,建议在生产井含水率超过 50% 时进行转注。

5.3　其他注水区

参照以上两个试验井区综合治理方案分析方法,对 WYB-YM 注水区(东部长 2)、XZC-W214 注水区(西部长 2)及 YN-SH 注水区(西部长 6)进行针对性分析,得出以下分析方案。

5.3.1　WYB-YM 注水区(东部长 2)

对 WYB-YM 注水区进行试验分析,得到各注水井和生产井单井治理方案,见表 5-22 和表 5-23。

表 5-22　WYB-YM 井区注水井治理方案汇总

序号	井　号	治理预案
1	2185-6	需要对长 2_1^2 斜深为 727.2～728.3 m 的层段进行调驱
2	2185-2	需要对长 2_1^2 斜深为 723.0～727.6 m 的层段进行调驱
3	2158	需要对长 2_1^2 斜深为 753.0～755.5 m 的层段进行调驱
4	2162-2	需要对长 2_1^2 深度为 691～706 m 的层段进行调驱
5	2186	需要对长 2_1^2 斜深为 728～734 m 的层段进行调驱。建议调驱之前对 2186 井暂时关井,观测 2 周内 2180 井的产液量和含水率,确定 2180 井来水是否为 2186 井,若关联度大则对 2186 井进行同步调驱
6	2183	需要对长 2_1^2 垂深为 719.5～721.1 m 的层段进行调驱。建议调驱前对 2183 井暂时关井,观测 2 周内 2183-4 井的产液量和含水率,确定 2183-4 井来水是否为 2183 井,若关联度大,则对 2183 井进行同步调驱

序号	井　号	治理预案
7	2189-1	对 2189-1 井长 2_1^2 层位(斜深 702～708 m)进行补孔,使其与周围油井连通,待连通性较好时再对油井采取堵水等措施
8	2191	需要对长 2_1^2 垂深为 717.2～721.0 m 的层段进行深部调驱
9	2193	需要对长 2_1^2 斜深为 738.3～745.7 m 的层段进行调驱
10	2200-5	需要对长 2_1^2 斜深为 674～678 m 的层段进行调驱

表 5-23　WYB-YM 井区生产井治理方案汇总

序　号	井　号	治理预案
1	2185	调节产液量,按日常工作制度稳定生产
2	2185-1	调节产液量,按日常工作制度稳定生产;建议射开长 2_1^2 垂深为 724.6～729.0 m 的层段
3	2185-5	以原工作制度继续生产
4	2180	建议对 2180 井对应的长 2_1^2 层斜深为 727.20～733.50 m 的层段进行压裂
5	2185-4	建议对对应水井进行调驱,若调驱效果不理想,再对该井长 2_1^2 层斜深为 727.50～728.2 m 的层段进行堵水
6	2185-3	以原工作制度继续生产
7	2162-3	对长 2_1^2 层斜深为 714.2～714.8 m 的层段进行重复压裂或转向压裂
8	2150	建议射开 2150 井长 2_1^3 层位斜深为 732～738.4 m 的层段
9	2200	以原工作制度继续生产
10	2200-1	以原工作制度继续生产
11	2200-2	以原工作制度继续生产
12	2164	建议封堵 2164 井对应长 2_1^1 层斜深为 703.3～705.2 m 的层段
13	2162	建议射开 732.0～738.4 m 层段
14	2162-1	建议对对应水井进行调驱,若调驱效果不理想,再可在该井长 2_1^1 层斜深为 693～702.8 m 的层段处下封隔器堵水
15	2183-1	以原工作制度继续生产
16	2183-2	以原工作制度继续生产
17	2183-3	建议进行补孔,射开 724.3～730.7 m 层段
18	2-6	以原工作制度继续生产
19	2189-2	调节产液量,按日常工作制度稳定生产。建议对对应水井进行调驱,若调驱效果不理想,可再对该井长 2_1^2 层垂深为 701.8～706.9 m 的层段进行封堵
20	2189-5	以原工作制度继续生产
21	2187	已关井
22	2188	已关井
23	2190	已关井
24	2191-2	以原工作制度继续生产

序 号	井 号	治理预案
25	2191-3	先考察其测井资料,若相应 2_1^2 层为油水同层或油层,则选择射开
26	2200-3	以原工作制度继续生产
27	2200-4	以原工作制度继续生产
29	2189-3	建议对对应水井进行调驱,若调驱效果不理想,再可对该井长 2_1^2 层段垂深为 698.40～714.00 m 层段进行封堵
30	2244-3	以原工作制度继续生产
31	2244-4	以原工作制度继续生产
32	2262	以原工作制度继续生产

5.3.2 XZC-W214 注水区(西部长 2)

1. XZC-W214 油水井单井治理方案

对 XZC-W214 注水区进行试验分析,得到注水井和生产井单井治理方案,见表 5-24 和表 5-25。

表 5-24 XZC-W214 井区注水井治理方案汇总

序 号	井 号	治理预案
1	W209-2	需要对长 2_1^2 斜深为 910～911 m 的层段进行调驱
2	W211-1	需要对长 2_2^1 斜深为 923～925 m 的层段进行调驱
3	W212	需要对长 2_1^2 斜深为 869.7～874.7 m 的层段进行调驱
4	W213	需要对长 2_1^2 垂深为 888.0～893.0 m 的层段进行调驱。建议在对 W209-2 井调驱前,对 W213 井暂时关井 2 周,观测 2 周内 W209-2 井产液量和含水率,确定 W209-2 井来水是否为 W213 井,若关联度大,则对 W209-2 井和 W213 井进行同步调驱
5	W215-2	首先对长 2_1^2 斜深为 890～895 m 的层段进行调驱,然后射开长 2_1^3 斜深为 880.8～888.5 m 的差油层段,并进行压裂
6	W305	需要对 W305 井长 2_1^3 垂深为 874.5～877 m 的层段进行酸化解堵;建议射开 W305 井长 2_1^2 斜深为 868.3～870.5 m 的油水同层
7	W306-1	正常水驱
8	W308	需要对长 2_1^2 垂深为 887～890 m 的层段进行深部调驱
9	W310-2	需要对长 2_1^2 斜深为 870～872 m 的层段进行调驱
10	W311-2	首先关闭 W311-2 井,对其周围的生产井进行压降测试,由测试结果得到是否存在地层堵塞。若压降测试结果表明地层存在堵塞,则需要首先进行相应的酸化解堵措施,然后再对 W311-2 井长 2_2^1 斜深 903.7～905.6 m 的层段进行调驱;若不存在堵塞,则直接对 W311-2 井进行调驱
11	W313-4	需要对长 2_1^3 斜深 916～918 m 的层段进行调驱

序　号	井　号	治理预案
12	W314-4	需要对长 $2\frac{1}{2}$ 斜深为 871～873 m 的层段进行压裂改造
13	W315-3	正常水驱
14	W316-4	需要对长 $2\frac{3}{1}$ 斜深为 866～870 m 的层段进行调驱

表 5-25　XZC-W214 井区生产井治理方案汇总

序　号	井　号	治理预案
1	W206	建议开井后进行关停井测试,并在长 $2\frac{1}{2}$ 垂深为 916～918 m 的层段下封隔器堵水;射开长 $2\frac{2}{1}$ 垂深为 877.6～879.6 m 的油层段
2	W208	建议射开长 $2\frac{1}{2}$ 垂深为 932.8～936.5 m 的差油层段,并进行压裂
3	W208-2	以原工作制度继续生产
4	W209	建议对长 $2\frac{2}{1}$ 射孔段斜深为 880～882 m 的层段进行重复压裂或转向压裂
5	W209-1	建议对 W209-2 和 W213 井进行调驱,若调驱效果不理想,再对长 $2\frac{2}{1}$ 射孔段斜深为 902～906 m 的层段进行堵水
6	W209-3	以原工作制度继续生产
7	W210	以原工作制度继续生产
8	W211	在 W209-2 井调驱前,暂时关闭 W209-2 井,观测 2 周内 W211 井产液量和含水率,以确定 W211 井来水是否为 W209-2 井;若 W209-2 井调驱后效果不理想,再对 W211 井长 $2\frac{2}{1}$ 垂深为 891.5～894.5 m 和 895～898 m 层段进行堵水
9	W211-2	以原工作制度继续生产
10	W211-3	以原工作制度继续生产
11	W212-1	① 为摸清 W212-1 井的来水方向,在 W212 井调驱前,建议 W212-1 井暂时开井生产 2 周,待产液量和含水率稳定后,打开 W212 井,关闭 W311-2 井,检测 2 周内 W212-1 井的产液量和含水率,W212 井注水量、注入压力和水站来水压力变化幅度及趋势,确定 W212-1 井来水是否来自 W311-2 井,若关联度大,则对 W311-2 和 W212 井同时进行调驱; ② 若调驱效果好,保持 W212-1 开井生产;若不理想,再对 W212-1 井在长 $2\frac{2}{1}$ 斜深为 907～910 m 的层段进行堵水
12	W212-2	以原工作制度继续生产
13	W212-3	以原工作制度继续生产
14	W212-4	以原工作制度继续生产
15	W213-1	以原工作制度继续生产
16	W214	建议射开长 $2\frac{3}{1}$ 垂深为 894.9～899.5 m 的油水同层段
17	W214-1	建议射开长 $2\frac{3}{1}$ 油层段
18	W214-2	建议对 W209-2 井进行调驱;若调驱效果不理想,再对 W214-2 井长 $2\frac{2}{1}$ 层斜深为 912～916 m 的层段进行堵水
19	W214-3	以原工作制度继续生产

序　号	井　号	治理预案
20	W214-4	以原工作制度继续生产
21	W214-5	① 为确定 W214-5 井来水方向,建议在 W209-2 井调驱前,暂时关闭 W209-2 井,观察 1 周内 W214-5 井的产液量和含水率变化,若关联度大,则对 W308 和 W209-2 井同时进行调驱; ② 若调驱效果不理想,则对该井长 2_1^2 斜深为 915～919 m 的射孔段进行堵水; ③ 射开长 2_2^1 斜深为 946.8～949.8 m 的油层段
22	W215	以原工作制度继续生产
23	W215-1	以原工作制度继续生产
24	W215-3	建议对 W213 进行调驱;若调驱效果不理想,则对 W215-3 井长 2_1^2 斜深为 888～890 m 的层段进行堵水
25	W215-4	建议对 W215-2 进行调驱;若调驱效果不理想,则对 W215-4 井长 2_2^1 斜深为 885～888 m 的层段进行堵水
26	W215-5	以原工作制度继续生产
27	W215-6	以原工作制度继续生产
28	W305-3	以原工作制度继续生产
29	W307-1	以原工作制度继续生产
30	W307-3	以原工作制度继续生产
31	W307-5	以原工作制度继续生产
32	W308-1	建议暂时开井生产 2 周,待产液量、含水率稳定后,关闭 W308 井,观察 W308-1 井的含水率和产液量变化;若关联度大,则需要对 W308 井进行深度调驱;若调驱效果好,则该井正常开井生产
33	W308-2	建议暂时开井生产 2 周,待产液量和含水率稳定后,关闭 W308 井,观察 W308-2 井的含水率和产液量变化;若关联度大,则需要对 W308 井进行深度调驱;若调驱效果好,则该井正常开井生产
34	W308-3	以原工作制度继续生产
35	W308-4	建议暂时开井生产 2 周,待产液量和含水率稳定后,关闭 W308 井,观察 W308-4 井的含水率和产液量变化;若关联度大,则需要对 W308 井进行深度调驱;若调驱效果好,则该井正常开井生产
36	W309-1	以原工作制度继续生产
37	W309-2	建议射开长 2_1^3 斜深为 935.3～942 m 的油水同层段
38	W310-1	以原工作制度继续生产
39	W310-3	以原工作制度继续生产
40	W308-5	建议暂时开井生产 2 周,待产液量和含水率稳定后,关闭 W308 井,观察 W308-5 井的含水率、产液量变化;若关联度大,则需要对 W308 井进行深度调驱;若调驱效果好,则该井正常开井生产
41	W310-4	以原工作制度继续生产
42	W311-1	以原工作制度继续生产

序　号	井　号	治理预案
43	W311-3	建议对长 $2\frac{1}{2}$ 斜深为 908～911 m 的层段进行重复压裂或转向压裂
44	W311-4	建议射开长 2_1^2 斜深为 860.2～862.6 m 的油水同层段
45	W311-5	建议对 311-2 进行调驱;若调驱效果不理想,则对该井长 $2\frac{2}{2}$ 斜深为 944～946 m 的层段进行堵水
46	W311-6	建议对 311-2 进行调驱;若调驱效果不理想,则对该井长 $2\frac{1}{2}$ 斜深为 951～953 m 的层段进行堵水
47	W313-1	以原工作制度继续生产
48	W313-2	以原工作制度继续生产
49	W313-3	以原工作制度继续生产
50	W314-5	以原工作制度继续生产
51	W315-2	建议对长 2_1^3 斜深为 927～930 m 的层段实施重复压裂或转向压裂改造
52	W316	以原工作制度继续生产
53	W316-5	建议射开长 2_1^3 油层段
54	W317-1	以原工作制度继续生产
55	W322-4	以原工作制度继续生产
56	W325-2	建议对长 2_1^3 斜深为 921～923 m 的层段实施重复压裂或转向压裂改造

2. XZC-W214 区块综合调驱方案

1) 关停井测试

关停水井 W209-2 井、W213 井和 W308 井,打开 W206 井、W308-1 井、W308-2 井、W308-4 井和 W308-5 井,观察测试油井 W211 井、W214-5 井、W209-1 井、W206 井、W308-1 井、W308-2 井、W308-4 井和 W308-5 井的油井产液量和含水率,持续 2 周,确定以上油井的来水水源。

2) 调驱井选井

首先关闭 W311-2 井,对其周围的生产井进行压降测试,由测试结果得到地层是否存在堵塞。若压降测试结果表明地层存在堵塞,则需要首先进行相应的酸化解堵措施,然后对 W311-2 井长 $2\frac{1}{2}$ 斜深 903.7～905.6 m 的层段进行调驱;若不存在堵塞,则直接对 W311-2 井进行调驱。

3) 调驱实施

打开 W209-2 井、W211-1 井、W212 井、W213 井、W215-2 井、W308 井、W310-2 井、W313-4 井和 W316-4 井,对相应层段进行调驱。对于 W311-2 井按上一步分析,进行选择性调驱。

4）堵水实施

若调驱效果较好,则以下对应油井不再考虑进行堵水;若调驱效果较差,则建议对调驱井对应的油井进行堵水。

调驱井对应油井包括:W206 井、W209-1 井、W211 井、W212-1 井、W214-2 井、W214-5 井、W215-3 井、W215-4 井、W311-5 井和 W311-6 井。

5）补孔实施

建议对以下注水井和生产井进行补孔。

注水井:W305 和 W215-2 井。

生产井:W206 井、W208 井、W214 井、W214-1 井、W214-5 井、W309-2 井、W311-4 井和 W316-5 井。

6）压裂实施

建议对以下注水井和生产井进行压裂:

注水井:W314-4 井。

生产井:W209 井、W311-3 井、W315-2 井和 W325-2 井。

5.3.3　YN-SH 注水区(西部长 6)

1. YN-SH 油水井单井治理方案

对 YN-SH 注水区进行试验分析,得到其注水井和生产井的单井治理方案,见表 5-26 和表 5-27。

表 5-26　YN-SH 试验区各注水井治理方案汇总

序 号	井 号	治理预案
1	S64	建议先关闭 S64 井 2 周,观察 S57 井含水率和产液量变化,确定 S57 井来水是否为 S64 井。若关联度大,则对 S64 井进行调驱(调驱深度 1 398～1 413 m);若关联度不大,则对该井不做处理,正常注水
2	S65	建议先关闭 S65 井 2 周,观察 S65-1 井含水率和产液量变化,确定 S65-1 井来水是否为 S65 井。若关联度大,则对 S65 井进行调驱(调驱深度 1 350～1 387 m);若关联度不大,则对该井不做处理,正常注水
3	S67	建议先关闭 S67 井 2 周,观察 S67-3 井含水率和产液量变化,确定来水是否为 S67 井。若关联度大,则对 S67 井进行调驱(调驱深度 1 397～1 412 m);若关联度不大,则对该井不做处理,正常注水
4	S68	建议首先关闭 S68 井 2 周,观察 S68-1 井和 S68-2 井含水率和产液量变化,确定来水是否为 S68 井。若关联度大,则对 S68 井进行调驱(调驱深度 1 383～1 416 m);若关联度不大,则对该井不做处理,正常注水
5	S69	建议先关闭 S69 井 2 周,观察 S69-2 井和 S69-3 井含水率和产液量变化,确定来水是否为 S69 井。若关联度大,则对 S69 井进行调驱(调驱深度 1 433～1 437 m);若关联度不大,则对该井不做处理,正常注水

序　号	井　号	治理预案
6	S70	建议先关闭 S70 井 2 周,观察 S70-4 井和 S69-2 井含水率和产液量变化,确定来水是否为 S70 井。若关联度大,则对 S70 井进行调驱(调驱深度 1 385~1 437 m);若关联度不大,则对该井不做处理,正常注水
7	S74	建议先关闭 S74 井 2 周,观察 S57 井含水率和产液量变化,确定来水是否为 S74 井。若关联度大,则对 S74 井进行调驱(调驱深度 1 456~1 479 m);若关联度不大,则对该井不做处理,正常注水
8	S76	正常注水
9	S78	建议先关闭 S78 井 2 周,观察 S78-1 井、S78-2 井和 S69-2 井含水率和产液量变化,确定来水是否为 S78 井。若关联度大,则对 S78 井进行调驱(调驱深度 1 447~1 465 m);若关联度不大,则对该井不做处理,正常注水
10	S103	建议先关闭 S103 井 2 周,观察 S107 井含水率和产液量变化,确定来水是否为 S103 井。若关联度大,则对 S103 井进行调驱(调剖深度 1 368~1 384 m);若关联度不大,则对该井不做处理,正常注水
11	S104	建议先关闭 S104 井 2 周,观察 S114 井含水率和产液量变化,确定来水是否为 S104 井。若关联度大,则对 S104 井进行调驱(调驱深度 1 389~1 408 m);若关联度不大,则对该井不做处理,正常注水
12	S108	正常注水
13	S113	建议先关闭 S113 井 2 周,观察 S67-3 井含水率和产液量变化,确定来水是否为 S113 井。若关联度大,则对 S113 井进行调驱(调驱深度 1 329~1 350 m);若关联度不大,则对该井不做处理,正常注水
14	S117	建议先关闭 S117 井 2 周,观察 S117-3 井、S111 井和 S115 井含水率和产液量变化,确定来水是否为 S117 井。若关联度大,则对 S117 井进行调驱(调驱深度 1 396~1 406 m);若关联度不大,则对该井不做处理,正常注水
15	S118	建议先关闭 S118 井 2 周,观察 S120-1 井和 S118-1 井含水率和产液量变化,确定来水是否为 S118 井。若关联度大,则对 S118 井进行调驱(调驱深度 1 487~1 501 m);若关联度不大,则对该井不做处理,正常注水
16	S120	建议先关闭 S120 井 2 周,观察 S120-1 井含水率和产液量变化,确定来水是否为 S120 井。若关联度大,则对 S120 井进行调驱(调驱深度 1 471~1 482 m);若关联度不大,则对该井不做处理,正常注水
17	S122	建议先关闭 S122 井 2 周,观察 S114 井含水率和产液量变化,确定来水是否为 S122 井。若关联度大,则对 S122 井进行调驱(调驱深度 1 403~1 409 m);若关联度不大,则对该井不做处理,正常注水
18	S126	建议先关闭 S126 井 2 周,观察 S118-1 井和 S126-2 井含水率和产液量变化,确定来水是否为 S126 井。若关联度大,则对 S126 井进行调驱(调驱深度 1 440~1 465 m);若关联度不大,则对该井不做处理,正常注水
19	S128	建议先关闭 S128 井 2 周,观察 S128-3 井、S128-2 井和 S78-1 井含水率和产液量变化,确定来水是否为 S128 井。若关联度大,则对 S128 井进行调驱(调驱深度 1 509~1 515 m);若关联度不大,则对该井不做处理,正常注水

序　号	井　号	治理预案
20	S133	建议先关闭 S133 井 2 周,观察 S119 井含水率和产液量变化,确定来水是否为 S133 井。若关联度大,则对 S133 井进行调驱(调驱深度 1 450～1 473 m);若关联度不大,则对该井不做处理,正常注水
21	S125	正常注水
22	S123-2	正常注水
23	S139	正常注水
24	S137-1	建议先关闭 S137-1 井 2 周,观察 S119 井含水率和产液量变化,确定来水是否为 S137-1 井。若关联度大,则对 S137-1 井进行调驱(调驱深度 1 433～1 472 m);若关联度不大,则对该井不做处理,正常注水
25	S119-1	建议先关闭 S119-1 井 2 周,观察 S119 井含水率和产液量变化,确定来水是否为 S119-1 井。若关联度大,则对 S119-1 井进行调驱(调驱深度 1 484～1 492 m);若关联度不大,则对该井不做处理,正常注水

表 5-27　YN-SH 试验区各生产井治理方案汇总

序　号	井　号	治理预案
1	S101	正常生产
2	S102	正常生产
3	S103-1	正常生产
4	S103-2	正常生产
5	S105	正常生产
6	S106	建议对 S106 井进行酸化(酸化深度 1 466～1 471 m)
7	S107	建议对 S103 井进行调驱
8	S108-1	正常生产
9	S108-2	正常生产
10	S108-3	正常生产
11	S109	正常生产
12	S109-1	正常生产
13	S110	正常生产
14	S111	由于长期停井,建议对 S117 井进行调驱
15	S112	正常生产
16	S114	建议对 S122 井进行调驱;若调驱效果不理想,再对 S114 井进行堵水(堵水深度 1 424～1 430 m 和 1 434～1 437 m)
17	S115	由于长期停井,建议对 S117 井进行调驱
18	S116	正常生产
19	S117-1	正常生产

序　号	井　号	治理预案
20	S117-2	正常生产
21	S117-3	由于长期停井,建议对 S117 井进行调驱
22	S118-1	建议对 S118 井和 S126 井进行调驱;若调驱效果不理想,再对 S118-1 井进行堵水(堵水深度 1 537～1 539 m 和 1 542～1 547 m)
23	S118-2	正常生产
24	S118-3	正常生产
25	S118-4	正常生产
26	S119	建议对 S133 井、S137-1 井和 S119-1 井进行调驱;若调驱效果不理想,再对 S119 进行堵水(堵水深度 1 444～1 451 m)
27	S119-2	正常生产
28	S120-1	建议该井降低产液量至 2～8 m³/d 左右,按照日常工作制度平稳生产;建议对 S118 井和 S120 井进行调驱,若调驱效果不理想,再对 S120-1 进行堵水(堵水深度 1 510～1 514 m 和 1 516～1 518 m)
29	S120-2	正常生产
30	S120-3	正常生产
31	S121	正常生产
32	S121-1	正常生产
33	S121-2	正常生产
34	S121-3	正常生产
35	S123	正常生产
36	S123-1	正常生产
37	S124	正常生产
38	S126-1	正常生产
39	S126-2	由于长期停井,建议对 S126 井进行调驱
40	S126-3	正常生产
41	S128-1	正常生产
42	S128-2	由于长期停井,建议对 S128 井进行调驱
43	S128-3	由于长期停井,建议对 S128 井进行调驱
44	S128-4	正常生产
45	S133-1	正常生产
46	S133-2	正常生产
47	S23	正常生产
48	S25	正常生产
49	S55	正常生产

序 号	井 号	治理预案
50	S57	建议对S64井和S74井进行调驱;若调驱效果不理想,再对S57井进行堵水(堵水深度 1 489～1 494 m和1 498～1 502 m)
51	S57-1	正常生产
52	S59	正常生产
53	S62	正常生产
54	S63	正常生产
55	S65-1	建议对S65-1井进行酸化以提高产液量;建议对S65井进行调驱
56	S66	建议对S66井进行酸化(酸化深度1 419～1 422 m)
57	S67-1	建议对S67-1井进行酸化(酸化深度1 444～1 449 m和1 452～1 456 m)
58	S67-2	正常生产
59	S67-3	建议对S67井和S113井进行调驱
60	S67-4	正常生产
61	S68-1	建议对S68井进行调驱
62	S68-2	建议对S68井进行调驱;若调驱效果不理想,再对S68-2进行堵水(堵水深度1 444～ 1 447 m,1 449～1 455 m和1 458～1 462 m)
63	S68-3	正常生产
64	S68-4	正常生产
65	S68-5	正常生产
66	S69-1	正常生产
67	S69-2	由于长期停井,建议对S69井、S70井和S78井进行调驱
68	S69-3	建议该井降低产液量至1～8 m³/d,按照日常工作制度平稳生产;建议对S69井进行调驱, 若调驱效果不理想,再对S69-3井进行堵水(堵水深度1 460～1 463 m和1 467～1 470 m)
69	S69-4	正常生产
70	S70-1	正常生产
71	S70-2	正常生产
72	S70-3	正常生产
73	S70-4	建议对S70井进行调驱;若调驱效果不理想,再对S70-4井进行堵水(堵水深度1 474～ 1 484 m和1 499～1 502 m)
74	S70-5	正常生产
75	S72	正常生产
76	S72-1	正常生产
77	S73	正常生产
78	S75	正常生产
79	S76-1	正常生产

序　号	井　号	治理预案
80	S76-2	建议对 S76-2 井进行酸化(酸化深度 1 490～1 497 m 和 1 502～1 506 m)
81	S76-3	正常生产
82	S77	建议对 S77 井进行压裂(压裂深度 1 449.5～1 452.5 m)
83	S78-1	建议对 S78 井进行调驱
84	S78-2	建议对 S78 井进行调驱
85	S78-3	正常生产

2. YN-SH 井区综合调驱方案

1)关停井测试

关停水井 S64 井、S65 井、S67 井、S68 井、S69 井、S70 井、S74 井、S78 井、S103 井、S 104 井、S113 井、S117 井、S118 井、S120 井、S122 井、S126 井、S128 井、S133 井、S137-1 井和 S119-1 井;观察测试油井 S57 井、S65-1 井、S67-3 井、S68-1 井、S68-2 井、S69-2 井、S69-3 井、S70-4 井、S78-1 井、S78-2 井、S107 井、S114 井、S117-3 井、S111 井、S115 井、S118-1 井、S120-1 井、S126-2 井、S128-2 井、S128-3 井和 S119 井的油井产液量和含水率,持续 2 周,确定以上油井的来水水源。

2)调驱井选井

(1)S64 井。

综合分析 2 周内 S64 井注水量、注入压力及水站来水压力变化幅度和趋势,观察 S57 井产液量和含水率,确定 S57 井来水是否为 S64 井。若关联度大,则对 S64 井进行调驱;若关联度不大,则对该井不做处理,正常注水。

(2)S65 井。

综合分析 2 周内 S65 井注水量、注入压力及水站来水压力变化幅度和趋势,观察 S65-1 井产液量和含水率,确定 S65-1 来水是否为 S65 井。若关联度大,则对 S65 井进行调驱;若关联度不大,则对该井不做处理,正常注水。

(3)S67 井。

综合分析 2 周内 S67 井注水量、注入压力及水站来水压力变化幅度和趋势,观察 S67-3 井产液量和含水率,确定来水是否为 S67 井。若关联度大,则对 S67 井进行调驱;若关联度不大,则对该井不做处理,正常注水。

(4)S68 井。

综合分析 2 周内 S68 井注水量、注入压力及水站来水压力变化幅度和趋势,观察 S68-1 井和 S68-2 井产液量和含水率,确定来水是否为 S68 井。若关联度大,则对 S68 井进行调驱;若关联度不大,则对该井不做处理,正常注水。

(5)S69 井。

综合分析 2 周内 S69 井注水量、注入压力及水站来水压力变化幅度和趋势,观察 S69-2

井和 S69-3 井产液量和含水率,确定来水是否为 S69 井。若关联度大,则对 S69 井进行调驱;若关联度不大,则对该井不做处理,正常注水。

(6)S70 井。

综合分析 2 周内 S70 井注水量、注入压力及水站来水压力变化幅度及趋势,观察 S70-4 井和 S69-2 井产液量和含水率变化,确定来水是否为 S70 井。若关联度大,则对 S70 井进行调驱;若关联度不大,则对该井不做处理,正常注水。

(7)S74 井。

综合分析 2 周内 S74 井注水量、注入压力及水站来水压力变化幅度和趋势,观察 S57 井含水率和产液量变化,确定来水是否为 S74 井。若关联度大,则对 S74 井进行调驱;若关联度不大,则对该井不做处理,正常注水。

(8)S78 井。

综合分析 2 周内 S78 井注水量、注入压力及水站来水压力变化幅度和趋势,观察 S78-1 井、S78-2 井和 S69-2 井含水率和产液量变化,确定来水是否为 S78 井。若关联度大,则对 S78 井进行调驱;若关联度不大,则对该井不做处理,正常注水。

(9)S103 井。

综合分析 2 周内 S103 井注水量、注入压力及水站来水压力变化幅度和趋势,观察 S107 井含水率和产液量变化,确定来水是否为 S103 井。若关联度大,则对 S103 井进行调驱;若关联度不大,则对该井不做处理,正常注水。

(10)S104 井。

综合分析 2 周内 S104 井注水量、注入压力及水站来水压力变化幅度和趋势,观察 S114 井含水率和产液量变化,确定来水是否为 S104 井。若关联度大,则对 S104 井进行调驱;若关联度不大,则对该井不做处理,正常注水。

(11)S113 井。

综合分析 2 周内 S113 井注水量、注入压力及水站来水压力变化幅度和趋势,观察 S67-3 井含水率和产液量变化,确定来水是否为 S113 井。若关联度大,则对 S113 井进行调驱;若关联度不大,则对该井不做处理,正常注水。

(12)S117 井。

综合分析 2 周内 S117 井注水量、注入压力及水站来水压力变化幅度和趋势,观察 S117-3 井、S111 井和 S115 井含水率和产液量变化,确定来水是否为 S117 井。若关联度大,则对 S117 井进行调驱;若关联度不大,则对该井不做处理,正常注水。

(13)S118 井。

综合分析 2 周内 S118 井注水量、注入压力及水站来水压力变化幅度和趋势,观察 S120-1 井和 S118-1 井含水率和产液量变化,确定来水是否为 S118 井。若关联度大,则对 S118 井进行调驱;若关联度不大,则对该井不做处理,正常注水。

(14)S120 井。

综合分析 2 周内 S120 井注水量、注入压力及水站来水压力变化幅度和趋势,观察 S120-1 井含水率和产液量变化,确定来水是否为 S120 井。若关联度大,则对 S120 井进行调驱;若关联度不大,则对该井不做处理,正常注水。

（15）S122 井。

综合分析 2 周内 S122 井注水量、注入压力及水站来水压力变化幅度和趋势，观察 S114 井含水率和产液量变化，确定来水是否为 S122 井。若关联度大，则对 S122 井进行调驱；若关联度不大，则对该井不做处理，正常注水。

（16）S126 井。

综合分析 2 周内 S126 井注水量、注入压力及水站来水压力变化幅度和趋势，观察 S118-1 井和 S126-2 井含水率和产液量变化，确定来水是否为 S126 井。若关联度大，则对 S126 井进行调驱；若关联度不大，则对该井不做处理，正常注水。

（17）S128 井。

综合分析 2 周内 S128 井注水量、注入压力及水站来水压力变化幅度和趋势，观察 S128-3 井、S128-2 井和 S78-1 井含水率和产液量变化，确定来水是否为 S128 井。若关联度大，则对 S128 井进行调驱；若关联度不大，则对该井不做处理，正常注水。

（18）S133 井。

综合分析 2 周内 S133 井注水量、注入压力及水站来水压力变化幅度和趋势，观察 S119 井含水率和产液量变化，确定来水是否为 S133 井。若关联度大，则对 S133 井进行调驱；若关联度不大，则对该井不做处理，正常注水。

（19）S137-1 井。

综合分析 2 周内 S137-1 井注水量、注入压力及水站来水压力变化幅度和趋势，观察 S119 井含水率和产液量变化，确定来水是否为 S137-1 井。若关联度大，则对 S137-1 井进行调驱；若关联度不大，则对该井不做处理，正常注水。

（20）S119-1 井。

综合分析 2 周内 S119-1 井注水量、注入压力及水站来水压力变化幅度和趋势，观察 S119 井含水率和产液量变化，确定来水是否为 S119-1 井。若关联度大，则对 S119-1 井进行调驱；若关联度不大，则对该井不做处理，正常注水。

3）调驱实施

据上一步分析结果，选择性地对 S64 井、S65 井、S67 井、S68 井、S69 井、S70 井、S74 井、S78 井、S103 井、S104 井、S113 井、S117 井、S118 井、S120 井、S122 井、S126 井、S128 井、S133 井、S137-1 井和 S119-1 井进行自适应深部调驱。

第6章　裂缝性特低渗油藏
开发难点及开发思路

6.1　裂缝性特低渗油藏注采系统调整作用及存在的问题

1. 调整作用

优化和完善注采井网是提高裂缝性特低渗油藏采收率的重要途径。裂缝性特低渗油藏注采系统调整的作用主要包括：

(1) 增加水驱控制程度；

(2) 增加注水井井网密度，提高注采强度；

(3) 降低平面非均质性，增加水驱波及系数。

2. 存在问题

合理调整注采井网的首要前提是了解和掌握特低渗油藏开发现状。国内特低渗油藏开发技术与国外相比存在一定差距，目前普遍存在 4 个主要问题：

(1) 注采井网部署未考虑沉积微相类型和分布特征。沉积微相研究是井网部署的地质依据，但由于初期人为划分开发单元，沉积微相研究也以人为划分的油田或开发单元展开，导致开发方案的编制针对各开发单元主体部位，缺乏整体考虑。

(2) 注采井网未考虑裂缝分布。由于目前对裂缝分布认识的局限性，对油田注入水流线推进规律认识不清，注采调整过程中，注采井网部署未考虑裂缝分布，油田注水开发后，注入水沿裂缝突进，造成主线上油井含水上升快，甚至发生暴性水淹，油井产量快速下降。同时，侧向油井见效差，甚至注水不见效，长期低产低液。

(3) 部分开发单元局部注采失衡。油田开发初期，注采井网相对完善，但经过长期开发后，一般会出现油水井套损，同时高含水油井转注或关井导致不同开发单元中注水井相对集中，形成多注少采的格局，且由于注入水显示出方向性，导致部分开发单元局部注采失衡。

(4) 剩余油分布规律认识不清。低渗油藏孔隙系统的孔道细微，固液界面上分子力作用显著增强，导致流体产生非规律的渗流。因此，低渗油藏与中高渗砂岩油藏的油水渗流特征有很大差异，注水开发过程中的油水运动更加复杂。

6.2　裂缝性特低渗油藏开发中普遍存在的问题

目前裂缝性特低渗油藏开发过程中普遍存在以下问题：

（1）绝大部分特低渗油藏天然能量不足且消耗快。依靠弹性能量开发的特低渗油藏的采收率一般低于 5%，油井自然产能很低，一般只有 1～8 t/d，甚至没有自然产能；经压裂后，平均单井日产油量可达到 3.6～27.7 t。

（2）注水井吸水能力低，注水见效差。特低渗油层通常吸水能力低，加之油层中黏土矿物遇水膨胀和注入水的水质与油层不配伍等因素导致的油层伤害，油层吸水能力不断降低，注水压力不断上升，致使注水井附近形成高压区，降低了有效注水压差，造成注水量迅速减小。

（3）油井见水后产量递减快。特低渗油藏的油水黏度比一般小于 5，见水后，采油指数连续大幅度下降，采液指数急剧下降，虽然在高含水期采液指数慢慢回升，但最终也无法恢复到原始采液指数。此外，由于特低渗油层渗流阻力大，通常采用较大的生产压差投产，较少在见水后通过加大生产压差来提高产量。

（4）裂缝性特低渗砂岩油藏注水水窜严重。特低渗砂岩油藏往往有天然裂缝，此外由于需要压裂投产，还存在人工压裂裂缝。这类油藏一旦注水压力超过破裂压力或裂缝开启压力，裂缝即处于开启状况，导致注水井的吸水能力急剧增大。当井网与裂缝分布规律及方向不相适应时，沿注入水主流线方向的油井会发生严重水窜，甚至注水几天就使油井发生暴性水淹。

6.3　改善裂缝性特低渗油藏的开发思路

针对裂缝性特低渗油藏储层的复杂性，在深化地质认识的基础上，对储层进行分类潜力评价，并针对不同的潜力区，结合裂缝分布规律、剩余油分布规律进行调整，从注采井网、注入方式等方面优化综合调整，对裂缝性特低渗储层进行油层改造，是裂缝性特低渗油藏高效开发的必经之路。基于此，对裂缝性特低渗油藏高效开发提出以下开发思路：

（1）加强裂缝性特低渗储层的精细研究及其渗流机理研究。裂缝性特低渗油藏与其他类型油藏的主要差异在于储层特征，包括其沉积、物性及含油性、非均质性和敏感性的特征。因此，要实现高效开发裂缝性特低渗油藏，加强裂缝性特低渗储层精细研究及其渗流机理研究是基础。

（2）合理加密井网是改善已开发特低渗油藏开发效果的重要途径之一。油田开发实践证明，要实现有效注水开发，必须达到一定的井网密度，井网密度加大到某一界限值后，特低渗油藏开发效果将大幅度改善。

（3）精细注水是改善特低渗油藏开发效果的重要保证。如果多个开发单元合注合采，而各层吸水能力差异大，则只有极少数油层吸水，水驱动用储量程度低。根据特低渗油藏的地质特征、油水运动规律，细分开发层系，调整好注采井网的匹配关系和单井注采强度，做到多向、细分、适压、平衡注水，确保油井多向受效，努力追求平面动用的均衡性，是提高储量动用程度和油井产能的重要保证。在此基础上，应完善发展高压分注技术，尤其要提高分注有效期,使高压注水井层间注水量可控可调,从而提高注入水波及体积。与此同时,要强化提高注入水水质,保证注水站、管线、井口、井底水质一致。

(4)采用整体压裂改造和井筒提升技术实现高效开发。在油藏现代构造应力场研究的基础上,优化整体压裂规模及参数,对压裂施工程序、压裂裂缝支撑剂、现场监督以及生产系统进行优化设计,选择有注水井对应且地层压力保持较高的井层进行优先压裂,通过整体压裂改造特低渗储层。

(5)继续做好CO_2驱和天然气驱先导试验,为中深层、深层高压特低渗油藏的挖潜提供有力的技术储备。

参考文献

[1] 郝明强,刘先贵,胡永乐,等.微裂缝性特低渗透油藏储层特征研究[J].石油学报,2007,28(5):93-98.

[2] 郝明强,刘先贵,胡永乐.微裂缝性特低渗透油藏单相流体渗流特征[J].油气地质与采收率,2007,14(6):79-81,116.

[3] 黄冬梅,杨正明,郝明强,等.微裂缝性特低渗透油藏产量递减方程及其应用[J].油气地质与采收率,2008,15(1):90-91,100.

[4] 付国民,刘云焕,宁占强.裂缝性特低渗透储层注水开发井网的优化设计[J].石油天然气学报(江汉石油学院学报),2006,28(2):94-96,164-165.

[5] 张威,梅冬,李敏,等.裂缝性低渗透油藏注采系统调整技术研究[J].大庆石油地质与开发,2006,25(6):43-46,121-122.

[6] 杨正明,于荣泽,苏致新,等.特低渗透油藏非线性渗流数值模拟[J].石油勘探与开发,2010,37(1):94-98.

[7] 曾保全,程林松,李春兰,等.特低渗透油藏压裂水平井开发效果评价[J].石油学报,2010,31(5):791-796.

[8] 王光付,廖荣凤,李江龙,等.中国石化低渗透油藏开发状况及前景[J].油气地质与采收率,2007,14(3):84-89,117.

[9] 孙黎娟,吴凡,刘社芹,等.超低渗油藏注气采油可行性实验[J].河南石油,2005,19(3):38-39,99.

[10] 李卓.芳48试验区注气开发效果研究[D].大庆:大庆石油学院,2005.

[11] 邱衍辉,王桂杰,刘涛,等.直井注水平井采低渗薄层调驱技术研究与应用[J].特种油气藏,2011,18(3):123-125,142.

[12] 吴奇,胥云,王晓泉,等.非常规油气藏体积改造技术[J].石油勘探与开发,2012,39(3):352-358.

[13] 雷群,胥云,蒋廷学,等.用于提高低-特低渗透油气藏改造效果的缝网压裂技术[J].石油学报,2009,30(2):237-241.

[14] 张友振.孤东油田水平井分段完井优化研究[J].内江科技,2012(2):115,179.

[15] 李远钦,刘雯林.水平井产量分布反演[J].石油勘探与开发,1999,26(3):86-91.

[16] 付俊峰,金生.基于饱和度分布的渗流计算[J].水动力学研究与进展(A辑),2008,23(6):668-674.

[17] 李功.水平井与直井联合布井条件下水平井产能研究[D].大庆:大庆石油学院,2010.

[18] 宋文玲,冯凤萍,赵春森,等.水平井和分支水平井与直井混合井网产能计算方法[J].大庆石油学院学报,2004,28(2):107-109,136-137.

[19] 贾振岐,王立军,徐哲,等.水平井与直井联合布井的产能计算[J].大庆石油学院学报,1996,20(2):1-4.

[20] 庞长英,程林松,冯金德,等.水平井直井联合井网产能研究[J].石油天然气学报(江汉石油学院学报),2006,28(6):113-116.

[21] 魏金威,杨富鸿,王毅.纳滤装置在改善低渗透油田注水开发效果分析[J].广州化工,2013,41(11):138-139,165.

[22] 闫范,侯平舒,张士建,等.非均质注水开发油藏提高水驱油效率研究及应用[J].钻采工艺,2003,26(6):48-49,65.

[23] 肖曾利,秦文龙,肖荣鸽,等.低能量井注水吞吐采油主要影响因素及其规律研究[J].西安石油大学

学报(自然科学版),2007,22(s1):56-57.

[24] 蒲春生.注水工艺中保护储层技术展望[J].西南石油学院学报,1993,15(s1):106-108.

[25] 王成俊,蒲春生,张荣军,等.利用井间示踪剂流动状况确定油层非均质性[J].西安石油大学学报(自然科学版),2007,22(s1):75-76.

[26] 郑忠文,秦文龙,肖曾利,等.低渗油藏渗流规律及水驱油特征实验研究[J].西安石油大学学报(自然科学版),2007,22(s1):77-79.

[27] 吴飞鹏,陈德春,蒲春生.低压低产油井间歇抽油分析与设计[J].西安石油大学学报(自然科学版),2007,22(s1):111-113.

[28] 裴润有,宋向华,蒲春生.低渗低压气藏地层损害及保护方法[J].西安石油大学学报(自然科学版),2007,22(s1):136-138.

[29] 蒲春生,宋向华.试论我国西北地区油气资源开发与水资源可持续协调发展[J].能源技术与管理,2007(5):72-73.

[30] 蒲春生,宋向华,秦文龙.西北地区油气开发与水资源协调发展对策研究[C]."建设节约型、环境友好型社会"高层论坛,西安,2007.

[31] 刘子良,魏兆胜,陈文龙,等.裂缝性低渗透砂岩油田合理注采井网[J].石油勘探与开发,2003,34(4):85-88.

[32] 周锡生,穆剑东,王文华,等.裂缝性低渗透砂岩油藏井网优化设计[J].大庆石油地质与开发,2003,22(4):25-28,31.

[33] 李松泉,唐曾熊.低渗透油田开发的合理井网[J].石油学报,1998,19(3):64-67.

[34] 朱圣举,张皎生,安小平,等.低渗透油藏菱形反九点井网产量计算研究[J].岩性油气藏,2012,24(6):115-120.

[35] 曲瑛新.低渗透砂岩油藏注采井网调整对策研究[J].石油钻探技术,2012,40(6):84-89.

[36] 隋先富,吴晓东,安永生,等.低渗透油藏水平井井网形式优选[J].石油钻采工艺,2009,31(6):100-103.

[37] 丁云宏,陈作,曾斌,等.渗透率各向异性的低渗透油藏开发井网研究[J].石油学报,2002,23(2):64-67.

[38] 周志军,宋洪才,孟令波,等.低渗透裂缝性油田井网优化数值模拟研究——以两井油田为例[J].新疆石油地质,2002,23(3):228-230.

[39] 杨思玉,宋新民.特低渗透油藏井网型式数值模拟研究[J].石油勘探与开发,2001,28(6):64-67.

[40] 侯建锋.安塞特低渗透油藏合理开发井网系统研究[J].石油勘探与开发,2000,27(1):72-75,16.

[41] 张凤莲,崔玉婷,郭振,等.确定低渗透油藏合理井网密度和极限井网密度的方法[J].大庆石油地质与开发,2008,27(2):88-90.

[42] 庞长英,连军利,胡定堂,等.水平井直井联合开采低渗透油藏合理井网研究[J].石油天然气学报,2008,30(1):289-291,397.

[43] 张晨朔,姜汉桥.低渗透油藏压裂水平井井网优化方法研究[J].断块油气田,2014,21(1):69-73.

[44] 曹仁义,程林松,薛永超,等.低渗透油藏井网优化调整研究[J].西南石油大学学报,2007,29(4):67-69,191-192.

[45] 周延军,马新仿,王建.低渗透油藏矩形井网水力压裂适应性研究[J].科学技术与工程,2011,11(21):5008-5010,5015.

[46] 喻高明.水驱低渗透非均质砂岩油藏提高开发效果研究[J].江汉石油学院学报,1997,19(4):61-64.

[47] 郭伟峰,房育金,杨永霞,等.低渗透油田周期注水的研究及应用[J].吐哈油气,2004,9(3):262-265,299.

[48] 王锐,岳湘安,尤源,等.裂缝性低渗油藏周期注水与渗吸效应实验[J].西安石油大学学报(自然科学版),2007,22(6):56-59,127-128.

[49] 赵欢,尹洪军,王龙,等.低渗透油田周期注水方案优选[J].当代化工,2015,44(3):564-566.

[50] 王锐,岳湘安,谭习群,等.低渗透油藏岩石压敏性及其对渗吸的影响[J].西南石油大学学报(自然科学版),2008,30(6):173-175,219.

[51] 吕政,李辉.低渗透裂缝性油藏周期注水影响因素分析[J].内蒙古石油化工,2012(2):27-32.

[52] 王玫珠,杨正明,王学武,等.大庆外围特低渗透油藏非线性渗流周期注水研究[J].断块油气田,2012(3):327-331.

[53] 王玫珠,于荣泽,崔茂蕾,等.特低渗透纵向非均质油藏周期注水研究新方法[J].科技导报,2012,30(30):34-38.

[54] 杨天瑜,杨元明,刘国利,等.低渗透裂缝性油藏周期注水合理工作制度研究[J].西部探矿工程,2014(10):31-34.

[55] 曹刚.应用周期注水改善低渗透油藏开发效果[J].特种油气藏,1996,3(3):24-27.

[56] 杨彦宇,宋才娃,郑传和.渗析采油技术在低渗透油田的应用——以布木格油田为例[J].内蒙古石油化工,2009(17):146-148.

[57] 许宝安.王场油田78-2井区改善注水效果及对策探讨[J].江汉石油职工大学学报,2013,26(1):44-46.

[58] 岳耀怀.低渗透油田注水开发技术方法[J].中国石油和化工标准与质量,2012(1):154.

[59] 黄小璐.敖包塔油田减少无效注水的实践与认识[J].石油石化节能,2012(7):37-39.

[60] 李明义,岳湘安,屠乃坤.低渗透复杂断块油藏高含水期提高采收率技术研究[J].重庆科技学院学报(自然科学版),2011,13(5):14-15,42.

[61] 潘祖跃,李建科.高能气体压裂技术在超低渗透油田的应用研究[C].第十届全国工程爆破学术会议,广州,2012.

[62] 林英松,蒋金宝,孙丰成,等.爆炸技术与低渗透油气藏增产[J].钻采工艺,2007,30(5):48-52,66.

[63] 张荣军,蒲春生.振动-土酸酸化复合解堵室内实验研究[J].石油勘探与开发,2004(5):114-116,132.

[64] 李亚峰,杨杰,刘强,等.振动压裂复合酸化解堵技术在西峰油田的应用[J].石油化工应用,2012,31(10):36-38.

[65] 陈晓明,梁德栋,冯莉萍.振动-酸化复合解堵增注技术在莫北油田的应用[J].钻采工艺,2006,29(5):97-98,101.

[66] 饶鹏,蒲春生,刘静,等.水力脉冲条件下盐酸酸化模型研究[J].科学技术与工程,2013,13(10):2648-2651,2656.

[67] 蒋金宝,林英松,阮新芳,等.低渗透油藏改造技术的研究及发展[J].钻采工艺,2005,28(5):50-53,3.

[68] 庞启强.低渗透油藏注水井解堵增注技术研究进展[J].石油石化节能,2011(4):10-12,35.

[69] 张茂林,梅海燕,顾鸿军,等.高含水油藏注氮气开采效果分析[J].特种油气藏,2005,12(6):34-36,105.

[70] 娄兆彬,杨朝光,王志鹏,等.中原油田高压低渗油藏注氮气效果及其分析[J].西部探矿工程,2005(2):64-65.

[71] 宋元新,崔文昊,陈领君,等.裂缝性油藏水气交注非混相驱实验研究[J].特种油气藏,2010,17(4):94-95,125.

[72] 袁广均,王进安,周志龙,等.氮气助推二氧化碳提高原油采收率试验研究[J].内蒙古石油化工,2013(3):12-14.

[73] 俞宏伟.高能气体压裂在低渗透油层中的应用[D].大庆:大庆石油学院,2008.

[74] 张玉祥.低渗油藏空气驱提高采收率实验研究[J].内蒙古石油化工,2011,3:143-144.

[75] 谢朝阳,蔡金航,陈秋芬,等.低渗油田空气驱泡沫防气窜技术研究及矿场应用[J].科学技术与工程, 2014,14(10):34-37.

[76] 董凤龙.厚层块状低渗油藏高压注空气驱油机理探讨[J].中国石油和化工标准与质量,2014(8): 145.

[77] 赵永攀,洪玲,江绍静,等.水驱后特低渗透油藏氮气驱驱油特性分析[J].油田化学,2013,30(3): 376-379.

[78] 刘萍,周瑜,冯佩真,等.卫42块特低渗透油藏氮气驱研究[J].江汉石油学院学报,2001,23(2):58- 60,2.

[79] 郑黎明,王成俊,吴飞鹏,等.鄂尔多斯盆地浅层特低渗透油藏氮气驱实验研究[J].油气地质与采收 率,2014,21(4):62-66.

[80] 王成俊,郑黎明,高瑞民,等.鄂尔多斯浅层特低渗油藏水驱后空气驱实验研究[J].石油地质与工程, 2013,27(6):135-137,141.

[81] 刘静,蒲春生,林承焰,等.低频谐振波作用下单相流体渗流模型研究[J].科学技术与工程,2014,14 (10):31-33.

[82] 李星红,刘敏,蒲春生,等.低频振动对聚合物凝胶交联过程的影响[J].油气地质与采收率,2014,21 (3):86-88.

[83] 刘静,蒲春生,林承焰,等.低频振动单相不可压缩流体细管流动微观动力学数学模型研究[J].天然 气地球科学,2014,25(10):1610-1614.

[84] 饶鹏,蒲春生,刘涛,等.水力脉冲-化学复合技术在青海尕斯油田的应用[J].陕西科技大学学报(自 然科学版),2013,31(2):80-84.

[85] 谷潇雨,蒲春生,王蓓,等.超声波解除岩心钻井液堵塞实验研究[J].西安石油大学学报(自然科学 版),2014,29(1):76-79.

[86] 王佩佩,蒲春生,吴飞鹏,等.热波耦合辅助稠油催化裂解实验研究[J].特种油气藏,2014,21(5): 111-114,156-157.

[87] 许洪星,蒲春生,董巧玲,等.超声波协同催化剂低温裂解超稠油实验研究[J].应用化工,2012,41 (7):1143-1146.

[88] 许洪星,蒲春生,董巧玲,等.超稠油超声裂解降黏实验研究[J].科学技术与工程,2012,12(23): 5873-5876.

[89] 冯金德,蒲春生,程林松.凝析气井电磁加热方式对加热效果的影响研究[C].中国力学学术大会,北 京,2005.

[90] 冯金德,蒲春生,程林松,等.电磁加热-化学复合解除凝析油堵塞温度分布研究[J].天然气工业, 2006,26(5):75-78,11.

[91] 聂翠平,蒲春生.三相工频井下电磁感应加热采油技术研究[J].陕西师范大学学报(自然科学版), 2005,33(s1):52-56.

[92] 苏国辉,蒲春生.电磁加热凝析气井井筒温度分布[J].钻采工艺,2005,28(6):63-65,7-8.

[93] 冯金德,蒲春生,冯金城.电磁加热解除近井地层凝析油堵塞的数学模型[J].天然气工业,2005,25 (11):85-87,154.

[94] 石道涵,刘涛,蒲春生,等.非均质性油藏水力喷射钻孔井产能计算公式及其影响因素[J].油气地质 与采收率,2010,17(4):101-103,107,118.

[95] 石道涵,许洪星,蒲春生.西峰油田交联聚合物深部调驱体系[J].油气田地面工程,2011,30(1):30-

32.

[96] 王玮.深部调驱技术在扶余低渗透裂缝性油藏的试验研究[J].中国石油和化工标准与质量,2011 (7):149-151.

[97] 何启平,施雷庭,郭智栋,等.适合高温高矿化度油藏的弱凝胶体系研究[J].钻采工艺,2011,34(2): 79-82,117-118.

[98] 饶鹏,王健,蒲春生,等.尕斯油田 E$_3^1$ 油藏复合深部调剖技术应用实践[J].油田化学,2011,28(4): 390-394.

[99] 许洪星,蒲春生,许耀波.预交联凝胶颗粒调驱研究[J].科学技术与工程,2013,13(1):160-165.

[100] 杨红斌,蒲春生,李淼,等.自适应弱凝胶调驱性能评价及矿场应用[J].油气地质与采收率,2013,20 (6):83-86,116.

[101] 朱仕军,黄继详.川中—川南过渡带香溪群地层划分与对比[J].西南石油学院学报,1996,18(2):5- 14.

[102] 严云奎,安亚峰.鄂尔多斯盆地延长组地层的精细划分与对比[J].西北大学学报(自然科学版), 2009,39(2):23-41.

[103] 袁宝印,朱日祥.泥河湾组的时代、地层划分和对比问题[J].中国科学(D辑),1996,26(1):67-73.

[104] 邓宏文,李小孟.高分辨率层序地层对比在河流相中的应用[J].石油与天然气地质,1997,18(2): 90-95.

[105] 袁宝印.萨拉乌苏组的沉积环境及地层划分问题[J].地质科学,1978,3(32):0-334.

[106] 宋凯,吕剑文.鄂尔多斯盆地中部上叠统延长组物源方向分析与三角洲沉积体系[J].古地理学报, 2002,4(3):59-66.

[107] 吴志宇,赵虹,李文厚.安塞地区上三叠统延长组沉积体系研究[J].煤田地质与勘探,2006,33(6): 13-16.

[108] 罗静兰,刘小洪,林潼,等.成岩作用与油气侵位对鄂尔多斯盆地延长组砂岩储层物性的影响[J].地 质学报,2006,80(5):664-673.

[109] 周进高,姚根顺,邓红婴,等.鄂尔多斯盆地延长组长 9 油层组勘探潜力分析[J].石油勘探与开发, 2008,35(3):289-293.

[110] 胡克珍,刘子云.从测井曲线申提取小层对比信息[J].石油地球物理勘探,1994,29(6):733-739.

[111] 张哨楠,沙文武.鄂尔多斯盆地南部镇泾地区延长组的沉积特征[J].矿物岩石,2000,20(4):25-30.

[112] 蔺宏斌,姚泾利.鄂尔多斯盆地南部延长组沉积特性与物源探讨[J].西安石油学院学报(自然科学 版),2000,15(5):7-9.

[113] 武富礼,李文厚,李玉宏,等.鄂尔多斯盆地上三叠统延长组三角洲沉积及演化[J].古地理学报, 2004,6(3):307-315.

[114] 刘池洋,赵红格,桂小军,等.鄂尔多斯盆地演化-改造的时空坐标及其成藏(矿)响应[J].地质学报, 2006,80(5):617-638.

[115] 赵虹,党犇,李文厚,等.安塞地区延长组沉积微相研究[J].天然气地球科学,2004,15(5):492-497.

[116] 陈克造,BOWLER J M.柴达木盆察尔汗盐湖沉积特征及其古气候演化的初步研究[J].中国科 学(B辑),1985(5):463-473.

[117] 姚光庆,马正,赵彦超,等.浅水三角洲分流河道砂体储层特征[J].石油学报,1995,16(1):24-31.

[118] 赵靖舟,吴少波,武富礼.论低渗透储层的分类与评价标准[J].岩性油气藏,2007,19(3):28-31.

[119] 裘亦楠,张志松,唐美芳,等.河流砂体储层的小层对比问题[J].石油勘探与开发,1987,14(2):46- 52.

[120] 赵翰卿.储层非均质体系、砂体内部建筑结构和流动单元研究思路探讨[J].大庆石油地质与开发,

2002,21(6):16-18.

[121] 刘自亮,王多云,王峰,等.陕甘宁盆地西峰油田主要产层储油砂体沉积微相组合及特征[J].沉积学报,2006,23(2):248-254.

[122] 朱国华.陕北浊沸石次生孔隙砂体的形成与油气关系[J].石油学报,1985,6(1):1-8.

[123] 曹维政,肖鲁川,曹维福,等.特低渗透储层油水两相非达西渗流特征[J].大庆石油地质与开发,2007,26(5):61-63.

[124] 王宇威.鄂尔多斯盆地安塞油田 HP 油区长 6 油层组储层流动单元研究[D].西安:长安大学,2011.

[125] 李中锋,何顺利.低渗透储层非达西渗流机理探讨[J].特种油气藏,2005,12(2):35-38.

[126] 贾振岐,张连仲.低渗低速下非达西渗流特征及影响因素[J].大庆石油学院学报,2001,25(3):73-76.

[127] 程时清,张德超.低速非达西渗流试井典型曲线拟合法[J].石油勘探与开发,1996,23(4):50-53.

[128] 吴胜和,王仲林.陆相储层流动单元研究的新思路[J].沉积学报,1999,17(2):252-257.

[129] 李阳.储层流动单元模式及剩余油分布规律[J].石油学报,2003,24(3):52-55.

[130] 张代燕,王子强,王殿生,等.低渗透油藏最小启动压力梯度实验研究[J].新疆地质,2011,29(1):106-109.

[131] 邓玉珍,刘慧卿.低渗透岩心中油水两相渗流启动压力梯度试验[J].石油钻采工艺,2006,28(3):37-40.

[132] 解宏伟,田世澄,赵崇,等.低渗油藏启动压力梯度在开发中的应用[J].天然气勘探与开发,2008,31(2):28-31.

[133] 罗瑞兰,程林松,彭建春,等.油气储层渗透率应力敏感性与启动压力梯度的关系[J].西南石油学院学报,2005,27(3):20-22.

[134] 吕成远,王建,孙志刚.低渗透砂岩油藏渗流启动压力梯度实验研究[J].石油勘探与开发,2002,29(2):86-89.

[135] 韩洪宝,程林松,张明禄,等.特低渗油藏考虑启动压力梯度的物理模拟及数值模拟方法[J].中国石油大学学报(自然科学版),2005,28(6):49-53.

[136] 黄爽英,陈祖华.引入启动压力梯度计算低渗透砂岩油藏注水见效时间[J].河南石油,2001,15(5):22-24.

[137] 孙贻铃,王秀娟.朝阳沟油田构造裂缝及其有效性研究[J].大庆石油地质与开发,2005,24(1):33-34.

[138] 修乃岭,熊伟,高树生,等.低渗透油藏不稳定渗流注水见效时间与井距的关系[J].石油地质与工程,2008,22(1):55-57.

[139] 朱玉双,曲志浩,孙卫,等.低渗、特低渗油田注水开发见效见水受控因素分析[J].西北大学学报(自然科学版),2003,33(3):311-314.

[140] 石京平,宫文超,曹维政,等.储层岩石速敏伤害机理研究[J].成都理工大学学报(自然科学版),2003,30(5):501-504.

[141] 高建,吕静,王家禄.储层条件下低渗透岩石应力敏感评价[J].岩石力学与工程学报,2009,28(s2):3899-3902.

[142] 刘清华,吴亚红,赵仁保,等.特低渗储层敏感性实验研究[J].大庆石油地质与开发,2009,28(4):76-79.

[143] 朱斌.地层矿物与速敏性[J].油田化学,1994,11(1):1-4.

[144] 孙建孟,李召成,关雎.用测井确定储层敏感性[J].石油学报,1999,20(4):34-38.

[145] 常学军,尹志军.高尚堡沙三段油藏储层敏感性实验研究及其形成机理[J].石油实验地质,2004,26(1):84-88.

[146] 李传亮.岩石应力敏感指数与压缩系数之间的关系式[J].岩性油气藏,2007,19(4):95-98.

[147] 张俊成,杨天龙,蒋建华.考虑应力敏感效应和启动压力梯度的低渗透油藏数值模拟[J].中外能源,2010,15(1):64-67.

[148] 周红,国梁,杨湖川.水驱低渗透非均质砂岩油藏开发效果评价指标[J].海洋石油,2006,26(2):44-48.

[149] 张新征,张烈辉,熊钰,等.高含水油田开发效果评价方法及应用研究[J].大庆石油地质与开发,2005,24(3):48-50.

[150] 冯其红,吕爱民,于红军,等.一种用于水驱开发效果评价的新方法[J].石油大学学报(自然科学版),2004,28(2):58-60.

[151] 曾联波,李忠兴,史成恩,等.鄂尔多斯盆地上三叠统延长组特低渗透砂岩储层裂缝特征及成因[J].地质学报,2007,81(2):174-180.

[152] 王瑞飞,孙卫.鄂尔多斯盆地姬塬油田上三叠统延长组超低渗透砂岩储层微裂缝研究[J].地质论评,2009,55(3):444-448.

[153] 曾联波,高春宇,漆家,等.鄂尔多斯盆地陇东地区特低渗透砂岩储层裂缝分布规律及其渗流作用[J].中国科学(D辑:地球科学),2008,38(s1):41-47.

[154] 王正国,曾联波.特低渗透砂岩储层裂缝特征及其常规井识别方法[J].国外测井技术,2007,22(2):14-18.

[155] 王瑞飞,陈明强,孙卫.特低渗透砂岩储层微裂缝特征及微裂缝参数的定量研究——以鄂尔多斯盆地沿25区块、庄40区块为例[J].矿物学报,2008,28(2):215-220.

[156] 赵亚文.特低渗透油藏裂缝分布规律研究[D].西安:西安石油大学,2011.

[157] 吴先承.合理井网密度的选择方法[J].石油学报,1985,6(3):113-120.

[158] 邵运堂,李留仁,赵艳艳,等.低渗油藏合理井网密度的确定[J].西安石油大学学报(自然科学版),2005,20(5):41-48.

[159] 钟萍萍,彭彩珍.油藏井网密度计算方法综述[J].石油地质与工程,2009,23(2):60-63.

[160] 敖科.低渗透油藏合理井网密度的研究[D].成都:西南石油大学,2006.

[161] 张伟.综合因素影响下井网密度计算方法研究[D].荆州:长江大学,2012.

[162] 王春艳,李留仁,王卫刚,等.低渗透油藏合理井网密度影响因素分析[J].石油化工应用,2009,28(3):40-42.

[163] 包志晶.低渗透油藏合理井网密度计算方法[J].科技创新导报,2010(2):118.

[164] 李忠平,段永明,王娟茹,等.低孔低渗油藏合理井网密度确定方法[J].河南石油,2001,15(4):19-21.

[165] 张凤莲,崔玉婷,郭振,等.确定低渗透油藏合理井网密度和极限井网密度的方法[J].大庆石油地质与开发,2008,27(2):88-90.

[166] 朱圣举,刘宝良.确定低渗透油藏合理井网密度和极限井网密度的新方法[J].特种油气藏,1999,6(1):14-17.

[167] 俞启泰.计算水驱砂岩油藏合理井网密度与极限井网密度的一种方法[J].石油勘探与开发,1986(4):49-54.

[168] 凌建军,张方礼,陈和平,等.确定极限井网密度的新方法[J].江汉石油学院学报,1997,19(3):61-63.

[169] 刘斌.油田经济极限井网密度计算方法探讨[J].西安石油学院学报(自然科学版),2001,16(1):31-

35.

[170] 朱文娟,喻高明,严维峰,等.油田经济极限井网密度的确定[J].断块油气田,2008,15(4):66-67.

[171] 姜汉桥,姚军,姜瑞忠.油藏工程原理与方法[M].东营:中国石油大学出版社,2006.

[172] 张锐.应用存水率曲线评价油田注水效果[J].石油勘探与开发,1992,19(2):63-68.

[173] 聂仁仕,贾永禄,霍进,等.实用存水率计算新方法及应用[J].油气地质与采收率,2010,17(2):83-86.

[174] 相天章,于涛,温静,等.累积存水率曲线研究及应用探讨[J].断块油气田,2001,8(4):31-32.

[175] 高博禹,王建波,彭仕宓,等.广义存水率及其应用[J].新疆石油地质,2004,25(5):542-543.

[176] 张继风,田晓东,郭玮琪,等.水驱油田累积存水率与含水率理论关系[J].新疆石油地质,2006,27(4):466-467.

[177] 王作乾,黄淑女.累积存水率和累积水驱指数与含水率的理论关系[J].新疆石油地质,2011,32(1):57-59.

[178] 房育金,王茂险.运用存水率和水驱指数评价油田注水开发效果[J].吐哈油气,2005,10(1):37-39.

[179] 蒋远征,金拴联,杨晓刚,等.特低渗油田注水效果存水率和水驱指数评价法[J].西南石油大学学报(自然科学版),2009,31(6):63-65.

[180] 袁东,葛丽珍,兰利川,等.用广义存水率和广义水驱指数评价油田的水驱效果[J].中国海上油气,2008,20(3):178-180.

[181] 周斌,杨通佑.测算水驱砂岩油田采收率的经验公式[J].石油学报,1988,9(3):55-61.

[182] 牛彦良,李莉,韩德金,等.低渗透油藏水驱采收率计算新方法[J].石油学报,2006,27(2):77-79.

[183] 陈元千.确定凝析气田地质储量、可采储量及采收率的相关经验公式[J].石油技术,1978,6(34):60-63.

[184] 崔玉婷,单广昊,孙立国,等.低渗透油田采收率评价方法研究[J].中外能源,2007(1):49-55.

[185] 闫庆来,何秋轩,任晓娟,等.低渗透砂岩油层水驱采收率问题[J].西安石油学院学报,1990,5(3):1-4.

[186] 宋付权,刘慈群.低渗透油藏水驱采收率影响因素分析[J].大庆石油地质与开发,2000,19(1):30-32.

[187] 梁积伟.鄂尔多斯盆地侏罗系沉积体系和层序地层学研究[D].西安:西北大学,2007.

[188] 白卫卫.鄂尔多斯盆地南部侏罗系延安组沉积体系研究[D].西安:西北大学,2007.

[189] 杨华.鄂尔多斯盆地三叠系延长组沉积体系及含油性研究[D].成都:成都理工大学,2004.

[190] 付锁堂,田景春,陈洪德,等.鄂尔多斯盆地晚古生代三角洲沉积体系平面展布特征[J].成都理工大学学报(自然科学版),2003,30(3):236-240.

[191] 薛军民,李玉宏,高兴军,等.延长油田递减规律与采收率研究[J].西北大学学报(自然科学版),2008,38(1):112-116.

[192] 王仁梅.低渗储层油水分布规律及产量递减模型[D].西安:西安石油大学,2011.

[193] 陈新彬,常毓文,王燕灵,等.低渗透储层产量递减模型的渗流机理及应用[J].石油学报,2011,32(1):113-116.

[194] 杨正明,刘先贵,孙长艳,等.低渗透油藏产量递减规律及水驱特征曲线[J].石油勘探与开发,2000,27(3):55-56.

[195] 杨正明,刘先贵,蒋西军,等.低渗透油田产量的递减规律[J].重庆大学学报(自然科学版),2000,23(s1):133-135.

[196] 王建民,魏天存,魏文科,等.鄂尔多斯盆地中生界特低-超低渗透油藏递减规律[J].兰州大学学报(自然科学版),2011,47(2):44-49.

[197] 黄冬梅,杨正明,郝明强,等. 微裂缝性特低渗透油藏产量递减方程及其应用[J]. 油气地质与采收率,2008,15(1):90-91.

[198] 张荣军. 西峰长 8 油藏开发早期高含水井治理技术研究[D]. 西安:西北大学,2008.

[199] 沈焕文,刘媛社,马国梁,等. 低渗透三叠系长 6 油藏见水特征分析及治理对策[J]. 石油化工应用,2011,32(2):36-40.

[200] 胡蓉蓉,喻高明,杨铁梅. 克拉玛依油田八区裂缝性特低渗透油藏合理井网及转注时机研究[J]. 石油地质与工程,2010,24(5):62-65.